本书系甘肃省自然资源厅科普著作培育项目（项目编号：202225）

甘肃省

玉石观赏石

梁自兴 ◎ 著

光明日报出版社

图书在版编目（CIP）数据

甘肃省玉石观赏石 / 梁自兴著 . -- 北京：光明日
报出版社，2024. 11. -- ISBN 978-7-5194-8261-9

Ⅰ. TS933. 21

中国国家版本馆 CIP 数据核字第 2024QC8247 号

甘肃省玉石观赏石
GANSUSHENG YUSHI GUANSHANGSHI

著　　者：梁自兴

责任编辑：李　晶　　　　　　　责任校对：郭玫君　温美静
封面设计：中联华文　　　　　　责任印制：曹　净

出版发行：光明日报出版社
地　　址：北京市西城区永安路 106 号，100050
电　　话：010-63169890（咨询），010-63131930（邮购）
传　　真：010-63131930
网　　址：http://book.gmw.cn
E－mail：gmrbcbs@gmw.cn
法律顾问：北京市兰台律师事务所龚柳方律师

印　　刷：三河市华东印刷有限公司
装　　订：三河市华东印刷有限公司
本书如有破损、缺页、装订错误，请与本社联系调换，电话：010-63131930

开　　本：170mm×240mm
字　　数：213 千字　　　　　　印　　张：13.5
版　　次：2025 年 3 月第 1 版　　印　　次：2025 年 3 月第 1 次印刷
书　　号：ISBN 978-7-5194-8261-9
定　　价：98.00 元

序

    本书作为甘肃省自然资源厅设立的《甘肃省玉石观赏石科普图书研编》科技创新项目成果终于编印出版了，向所有参与研编的地质工作者表示祝贺。

    甘肃位于中国地理中心，处于黄土高原、内蒙古高原和青藏高原的交会地带，分属长江、黄河和内陆河三大流域，是中华民族古文化的发祥地之一。中外闻名的古丝绸之路和新欧亚大陆桥贯穿全境，中欧班列通达欧亚23个国家，使甘肃成为我国西北地区连接中、东部的桥梁和纽带，具有承东启西、南拓北展的区位优势，是国家"一带一路"高质量发展战略之核心地带和重要节点。

    甘肃是全国矿产资源较为丰富的省份之一，省内地层发育较齐全，地质构造复杂，岩浆活动强烈，同时地貌类型齐全，构造侵蚀、侵蚀堆积、岩溶、冰川、风成地貌一应俱全，河流众多、湖泊秀丽，具备良好的成矿地质条件，矿产资源禀赋较好，镍、钴、铂族等10种金属位居全国第一，金川铜镍矿位居世界第二。矿业开发已成为甘肃重要经济支柱，为经济社会发展提供了重要资源保障。

    甘肃拥有丰厚的文化遗产、风格独特的自然景观和多姿多彩的民族风情，敦煌莫高窟堪称世界艺术宝库，天水麦积山石窟被誉为"东方雕塑馆"，夏河拉卜楞寺为藏传佛教格鲁派六大宗主寺院之一，"天下雄关"嘉峪关、"天下道教名山"崆峒山等都极具盛名。

    省自然资源厅履行全民所有土地、矿产、森林、草原、湿地、水等自然资源资产所有者职责，负责古生物化石的监督管理等，积极推进地学领域科普基地建设，先后成功申报获批世界地质公园2处、国家级地质（矿山）公园11处，审批建设省级地质公园26处。为反映甘肃重要矿产资源和矿山建设成就，围绕金川铜镍矿、镜铁山铁矿、白银厂铜矿、西成铅锌矿田发现、勘查、

开发过程，组织创作出版了《铁山探宝记·镜铁山铁矿》《点石成金·陇原宝藏》《高原寻宝·甘南金矿》《秦岭金腰带·西成铅锌矿》《凤凰山传奇·白银厂铜矿》等5部地学系列科普丛书。为全面提升甘肃地质博物馆科普能力，选择金川铜镍矿、镜铁山铁铜矿等30多个金属、非金属典型矿床进行岩矿石标本的抢救性采集、鉴定和矿物学研究工作，制作了陈列标本、图册影像、鉴定报告等珍贵资料。经中国地质学会评选，甘肃首家全国地学科普研学基地落户甘肃和政古生物化石国家地质公园。

甘肃省玉石、观赏石资源丰富，收藏者、爱好者众多。本书系统介绍了甘肃玉石和观赏石的种类、产出位置交通、地质条件、玉质特征及开发现状，为广大玉石、观赏石爱好者提供了丰富、翔实的资料信息。本书图文并茂，装帧精美，通俗易懂，雅俗共赏，相信能使广大读者、收藏爱好者有所收获并提高品鉴能力，使地质工作者有所启发并拓宽找矿思路，可为玉石矿产资源调查评价提供参考。

甘肃省自然资源厅厅长：张晓军

前　言

笔者从事地质工作三十余载，无论是在高等院校学习地学专业理论，还是奔赴野外一线跋山涉水，抑或在矿产资源管理岗位，无论是矿山督查、地质勘查项目检查验收、地质报告评审，还是公务出差在外，因浓浓的地质情结，无论走到哪里，总会到博物馆、奇石馆参观浏览一番，总是关心与地质有关的那些人、那些事，对甘肃玉石、观赏石尤为关注。常言说：处处留心皆学问。野外调查、矿山考察、市场调查，久而久之，便生出爱意，除了自己收藏、观赏、把玩，偶有心得信笔写来，积累了诸多文图资料，于是便有了系统整理的冲动，试图作为地质科普通俗读物分享自己的心得，以飨读者。笔者深知玉石、观赏石收藏者众多，喜好口味大不相同，乃仁者见仁，智者见智。

笔者立足甘肃，仅就自己所知、所思、所悟叙写出来，较系统地介绍了甘肃玉石、观赏石的种类，产出位置交通、地质条件、玉质特征及开发现状，便于爱好者寻访、探求。可能部分岩石学、矿物学名词术语、地质报告的描述和数据表达有些晦涩，但不影响爱好者阅读、理解。本书力求做到图文并茂，雅俗共赏，希冀能给广大读者以收获，对收藏者有所启发，与地质工作者共勉。

本书编写得到甘肃省自然资源厅一些玉石、观赏石爱好者的大力支持，杨彦参与了第二章玉石内容的编写，梁廷栋参与了图纹石、造型石的编写，赵灏生参与了戈壁石、矿物晶体的编写，齐曼菲参与了文房石的编写，在此一并表示感谢！

文中部分文图资料来源于地质调查报告、论文、博物馆及图书、网络，并未一一标明出处，绝无剽窃之意，敬请谅解！

梁自兴

2023年8月20日

于兰州地矿西院

目　录
CONTENTS

第一章　概述

世界上越美丽的东西越短暂，而宝玉石却是例外。宝玉石是集天地精华和世间万般美丽于一身，经亿年的演化形成，稀有且珍贵。它既是崇拜的神物、地位的标志、财富的象征，也是美的传递、情的寄托，更是人类对真、善、美情感的寄托。

一、宝玉石、观赏石分类

（一）宝玉石

本书中宝玉石顾名思义指的就是宝石、玉石两方面的含义。宝石指的是由自然界产出，具有美观、耐久、稀少性，可加工成饰品的矿物单晶体（可含双晶）。常见宝石钻石为金刚石矿物单晶体、祖母绿为含铬或钒的绿柱石矿物单晶体、红宝石为含铬刚玉矿物单晶体、蓝宝石为除红宝石以外的刚玉矿物单晶体、水晶为石英矿物单晶体、碧玺为电气石矿物单晶体、黄玉为托帕石矿物单晶体、石榴石为石榴子石矿物单晶体等。我国优质宝石资源相对匮乏，目前只有少数钻石、蓝宝石和橄榄石在世界宝石市场上占有一席之地。

玉石是由自然界产出，具有美观、耐久、稀少性和工艺价值的矿物集合体的总称。例如，透闪石质玉的和田玉、蛇纹石质玉的岫玉、黝帘石化的独山玉等。我国是举世闻名的玉石大国，玉石的种类繁多，细分可达100多种。遗憾的是，市场上常见的翡翠、青金石、欧泊等玉石品种在我国迄今未发现。

1. 宝石

宝石是最美丽而贵重的一类矿物。它们颜色鲜艳，质地晶莹，光泽灿烂，坚硬耐久，但赋存稀少，如钻石、水晶、祖母绿、红宝石、蓝宝石、金绿宝石（变石、猫眼）和绿帘石等。钻石是宝石之王。另有少数是天然单矿物集合体，如冰彩玉髓、欧泊。有人将琥珀、珍珠、珊瑚、煤精和象牙，也包括

在广义的宝石之内，但这不十分恰当。

我国宝石矿产资源大约有46个矿种、100个品种，现有宝石矿点200多处，几乎遍布全国。主要宝石品种有钻石、蓝宝石、红宝石、锆石、石榴石、海蓝宝石、碧玺、橄榄石、黄玉等。世界上较贵重的宝石品种，如祖母绿、金绿宝石、欧泊等，尚未发现有利用价值的矿床。

中国宝石矿品种繁多。东北煤矿中的琥珀，山东、辽宁、湖南等地的金刚石，内蒙古、辽宁的玛瑙等早在古代就已开采并驰名中外。在海南、江苏、山东等地还产有蓝宝石。吉林、江苏、福建、山东、海南等省12个宝石矿区开展了地质工作，矿种以宝石级刚玉、绿柱石、石榴石和锆石为主。

我国宝石矿分属多种矿床类型，以伟晶岩型、热液交代型和风化残积—冲积型矿床为主，岩浆型、变质型、矽卡岩型次之。宝石矿主要分布在以下6个宝石矿带中：东部沿海宝石矿带，天山—阿勒泰宝石矿带，阴山及边缘宝石矿带，昆仑—祁连山宝石矿带，喜马拉雅宝石矿带和秦岭宝石矿带。

甘肃对宝玉石的勘查评价工作开展很少，甘肃省矿产资源储量表中记载有阿克塞哈萨克族自治县大红山宝石矿点，资料显示，含矿伟晶岩脉主要沿区域东西向断裂的派生裂隙侵入，充填于前长城系敦煌群第三岩组片麻状黑云母花岗岩内。分布伟晶岩脉158条，晶洞大小悬殊，最大者长5m~10m，宽1m~2m，高1m~1.5m；最小者晶洞直径1cm~10cm，水晶晶体为无色、茶色、墨色，以短柱状为主，晶体一般有包裹体、节瘤、裂隙等缺陷。单晶重10~3200g，最重达70kg，无压电性，40%可作熔炼水晶Ⅱ级品，局部有紫晶，在个别晶洞内见有少量宝石。登记的矿石资源量仅22t。

宝玉石加工、鉴定自20世纪90年代陆续开展，1992年中国地质大学（武汉）成立珠宝学院，设置宝石及工艺学、宝石首饰设计专业，从本科教育到硕士、博士培养均较齐全。近年甘肃的兰州资源环境职业技术大学也设立地质与珠宝学院，专业方向为宝玉石鉴定与加工技术、首饰设计与工艺，服务面向珠宝检测部门、珠宝加工行业、分级、宝石鉴定分析、珠宝首饰制作加工、珠宝检测、珠宝首饰手绘、珠宝首饰电脑辅助设计等部门，工作岗位为宝玉石检验师、玉石雕刻师、珠宝首饰手绘设计师等。

2. 玉石

玉石，指自然界产出的，具有美观、耐久、稀少和工艺价值的矿物集合体。"玉石是远古人们在利用选择石料制造工具的长达数万年的过程中，经筛选确认的具有社会性及珍宝性的一种特殊矿石。"《说文解字》释玉为"石之美者，玉也"。《辞海》对玉的简化定义为"温润而有光泽的美石"。这便是我们今天广义上所说的玉，它不仅包括和田玉、翡翠，而且包括玉髓、岫岩玉、南阳玉、水晶、玛瑙、琥珀、珊瑚、绿松石、青金石等其他传统玉石。现代矿物学把玉分成硬玉和软玉两大类，硬玉即翡翠，而软玉主要是指新疆的和田玉，广义上的玉石包括狭义上的"玉"和彩石类。

从我国用玉的历史来看，只是在商代以后才大规模使用新疆和田玉，而在此之前各地使用的玉石基本上是就地取材的各种美石——彩石。因此，中国玉的定义，不能单纯地依赖现代矿物学的标准，而应该从历史的角度出发，尊重传统的习惯，把广义的玉作为研究玉器、玉文化的对象。

（1）关于玉器，广义上应该具备3个特点：

①材料上符合"美石"的要求；

②在形制上具备典型玉制器的基本样式；

③制成品必须由制玉的特殊制作方法如碾磨、钻孔等技术完成，而不是一般的制石工艺所完成。再者，作为被研究的玉器，应具有一定的历史年代，必须强调它的历史文物价值。

（2）玉石的种类及分布：

①中国玉石矿种类

中国玉石矿品种繁多。辽宁岫岩玉、新疆和田玉、广东南方玉、河南南阳独山玉、福建寿山石、浙江青田石和鸡血石、湖北绿松石、抚顺煤玉、内蒙古玛瑙等玉种古代就已开采并驰名中外。对北京、内蒙古、辽宁、河南、广东、青海六省（区）10个玉石矿区开展了地质工作，其中以辽宁的岫岩玉保有储量最多，占全国玉石资源储量的一半。甘肃矿产资源储量表中所载玉石资源量在全国处于第6位。

我国玉石矿有多种矿床类型，以伟晶岩型、热液交代型和风化残积—冲积型矿为重要，岩浆型、变质型、矽卡岩型次之。

久负盛名的酒泉市夜光杯，被命名为祁连玉，即产于祁连山中的蛇纹岩玉。早期开采于酒泉市附近，也称酒泉玉。后于肃南裕固族自治县境内祁连山区发现大量祁连玉矿，品质更优质，颜色更丰富，目前已发现12种色彩，

故又被称为"彩玉"，以青玉矿量最大，其次是墨玉、黄金玉。其矿物成分是蛇纹石，与岫岩玉相同，但玉色极易与岫岩玉相区别。

为规范祁连玉加工、质检活动，甘肃省质量技术监督局于2013年6月21日发布甘肃省地方标准《祁连玉质量等级评定》（编号 DB62/T 2346–2013）。

②玛瑙及中国玛瑙矿分布

玛瑙是玉髓类矿物的一种，常混有蛋白石和隐晶质石英的纹带状块体，硬度7~7.5，密度为2.65g/cm³，色彩有层次，分半透明或不透明，常呈致密块状而形成各种构造，如乳房状、葡萄状、结核状等，常见同心圆状。颜色不一，视其所含杂质种类及多寡而定，通常呈条带状、同心环状、云雾状或树枝状分布，以白色、灰色、棕色和红棕色为最常见，黑色、蓝色及其他颜色亦有。条痕白色或近白色，蜡样光泽。呈现不同颜色的玉髓，通常由绿、红、黄、褐、白等多种颜色构成。玛瑙按图案和杂质可分为缟玛瑙、缠丝玛瑙、苔玛瑙、城堡玛瑙等，常作为玩物或观赏物。玛瑙呈现半透明至透明者也常用于做饰物或赏玩，古代陪葬物中常可见到成串的玛瑙球。

我国玛瑙产地分布也很广泛，几乎各省都有，主要分布在云南、黑龙江、辽宁、河北、新疆、宁夏、内蒙古等省（区）。甘肃省内仅发现3处矿点，分布于北山、祁连山和西秦岭地区，成因类型为低温热液型，因矿石质量差、规模小，工作程度低，尚未探明储量。

甘肃北山地区的玛瑙往往散落在戈壁滩上，在内蒙古西部（额济纳旗黑鹰山以北）的戈壁滩素有"玛瑙滩"之称，肃北蒙古族自治县马鬃山一带的戈壁滩上也有类似的玛瑙滩，分布有与火山岩（安山岩及角砾凝灰岩）有关的玛瑙、贵蛋白石，只是规模及分布范围都很小。祁连地区永昌县北海子的玛瑙矿，有一定规模，以白色为主，品质较差。西秦岭地区的碌曲县分布有与火山岩有关的玛瑙矿，品质一般。

③甘肃软玉矿分布

甘肃软玉矿主要在北山地区，发育有白色、青色、墨绿色透闪石质玉石矿点，产于基性—超基性侵入岩及变质岩带中。软玉矿体呈脉状、囊状，一般长5~25cm，大者达1m以上，多呈不规则透镜体。产于昆仑—祁连山宝玉石带的软玉为含阳起石软玉，主要产于天祝藏族自治县大通河沿岸，为浅绿色、白色，阳起石透闪石质玉石矿点，软玉矿体呈脉状、透镜状等，矿体规模一般长10~30cm，宽仅5cm，矿体产于蚀变大理岩中，沿层理较规则断续分布。

3. 宝玉石成因

"宝玉石"是在一定的地质作用下，宝石矿物在地壳特定地质环境中的集中产出或富集体称为宝玉石矿床，包括内生矿床、外生矿床和变质矿床三类，其成因分别为内生成矿作用、外生成矿作用和变质成矿作用。内生成矿作用主要为岩浆型、伟晶岩型、热液型和热液交代型等；外生矿床主要为沉积型、风化壳型和砂矿型；变质矿床为变质成因型。许多宝玉石品种如红宝石、蓝宝石、石榴石、和田玉等都有多种成因。

（二）观赏石

观赏石是人们从大自然中发现而选择，因审美需要而艺术安置，并赋予人文内涵的纯自然石晶。人们通过石之载体，赏玩读悟，人石互动。观赏石是现代名词，是从历史名词"奇石"演绎出来扩大了外延与内涵的名词，它把工艺石纳入审美范畴，历代有奇石、灵石、雅石、丑石、文石、寿石、禅石、供石、美石的名称。它源于园林盆景石，孤赏独立之石古称奇石。

1. 观赏石定义

观赏石是指具有观赏性或具有观赏价值的石头，包括工艺石和非工艺石。经过人为打磨、雕刻等手段改变石头的原有形状及颜色，称为工艺石。未经过人为手段改变形状或颜色的称为非工艺石，或称为奇石、自然石、原石。

人类对赏石、藏石文化的研究和探索过程也是对人类起源、人类发展、地球能源、自然能源、自然规律的研究探索过程，无休无止，历史悠久、博大而精深。中国的石文化历史悠久，底蕴深厚，丰富多彩。人们常把能给人以视觉快感、引发美的启悟和联想的、具有一定观赏价值、装饰价值和经济价值的石头统称为观赏石。其体积大至广场石、庭院石，小到掌中石。

2. 产出条件及种类

观赏石从产出地质条件看，大体可分为以下3类：

（1）山原石

山原石，即原石埋在土里经岁月自然风化浊化质变而硅化钙化后还在原

生地，或嵌在岩层中，或埋在沙土中，被遗弃被埋藏在荒野山川的原石，其质本色，其状原始，呈皮壳状的拙朴岩石，鳞肌明显，纹脉清晰，品相完整而无根而璞。

可观赏的山原石，大多属于石灰岩，石灰岩容易受到外来力量的侵蚀，长期经受波浪的冲击以及含有二氧化碳的水溶蚀，软松的石质容易蚀化，比较坚硬的地方保存下来，经大自然条件下风化水蚀，逐渐形成了曲折圆润的形态，多呈重峦叠嶂之姿。太湖石、灵璧石均系山原石。

（2）水冲石

水冲石，即岩石经沧海桑田的地壳运动，被河流、冰川等运动搬迁至江河低洼之处，再经千万年的激流沙石冲撞磨砺，去软留坚，去粗存精，呈质坚、形美、色艳、纹细、皮润、圆钝的砾石。因其"百转磨磋芒角消，颠簸历尽完其理"，质色形纹均出姿出色。

水冲石外形大多圆满润泽，其特点是纹理变幻莫测，色彩绚丽多姿，石质缜密，以"质、色、形、纹"的独特神韵著称，水冲石上游形体较大，但大而不拙，在园林中多做孤石、点石置放。

（3）风凌石

新疆、甘肃、内蒙古北山戈壁滩地区分布的戈壁石，一般是由坚硬耐风化的岩石（多为硅质岩石）经物理风化（大漠风沙吹蚀磨砺）形成的具奇异形状的造型石，其岩石细密坚硬、表面光滑、色泽艳丽。

风凌石是在山原石的基础上，经沧桑巨变的地壳抬升至高原荒漠，崩塌风化后再经千万年风沙磨砺而成形。戈壁沙漠的地理与地质环境特殊，常年降雨稀少，昼夜温差大，使岩石经常处在剧烈的热胀冷缩作用之中，从而加大了解离速度。尤其是高密度、高硅质的岩石，其解离的速度更快。经沙漠风暴、天长日久的吹打磨砺，岩石终被雕琢成千姿百态。

玛瑙质类风凌石，它的主要岩石载体是火山岩类玄武岩或安山质玄武岩类。该类岩石在火山爆发时或爆发晚期，火山的残余气体溢出，在黏稠的岩浆内留下了各种形态的气孔，晚期的硅质液体沿裂隙上升填于气孔中，形成杏仁状构造。岩石中所含的化学成分及结构越复杂，外貌形态也就越发多姿多彩，戈壁石、雅丹石是其代表。

3. 鉴赏角度和形式分类

天然类观赏石（原生石）、石艺类观赏石和水晶类观赏石。

4. 发现产地分类

山石、平原石、水石、洞穴石、戈壁石。

5. 造型和主题分类

可分为景观石、象形石、画面石、奇异石、彩玉石等。中国古代的传统习惯一般以产地名为石命名，按出产地点命名分类可以充分体现各地的特点、特色、文化、环境与地貌。天然观赏石又被人们称为自然观赏石，是指天然石头在自然界中被原生态开发、开采出来，保持了石头本身的自然形态，不做任何人工加工的纯天然观赏石，是一种视觉美的发现，品鉴的行为艺术。人们欣赏的是自然之力，对石头本身的神奇造化。天然观赏石是地球上最古老的天然"艺术品"，是无声的诗、立体的画，是凝固的哲理，是无法重复的大自然的杰作。天然观赏石的作者是宇宙、地球、火山、大海、冰川，是风、雨、雷、电，是岁月、整个自然界。它记载了地球的历史，蕴藏着人类共同的宝藏，等着去发现它、认识它、开启它、欣赏它、利用它、开发它。大自然造就"石头"并没有什么特有的目的，却给人以启迪。

（1）奇石

黄河奇石（主要为黄河兰州段所产各类经长期搬运、磨蚀而成的色彩、结构、构造显露出来的象形奇石）、洮河奇石（洮河流域所产主要为石灰岩质含珊瑚、海绵、贝壳类等化石类观赏石）、庞公石（清水县牛头河河道所产墨绿色辉绿岩质观赏石）等，在黄河、洮河、白龙江、西汉水等各流域经流水冲蚀的象形石类，是主要的观赏石来源区，画面石、奇异石等象形石是主要的种类。但在西秦岭各流域形成的珊瑚类化石等形成的观赏石也具有很高的观赏收藏价值。

（2）庭院石、广场石

石灰石、大理石及蛇纹石等各种带有纹理的岩石，以及经物理、化学风化塑造成的奇异怪石，有形象俱佳者皆可作为观赏石，广泛分布于西秦岭、祁连山、阿尔金山、北山等地。

（3）洞穴石

陇南地区的喀斯特溶洞中的钟乳石、石笋等，冰洲石晶洞以及水晶晶洞、晶簇等都是很好的观赏石类。

（4）水锈石

泉水及地下水近地表沉淀的钙华，广泛分布于西秦岭地区。

（5）姜石

姜石即黄土中的钙质结核，因其形状多似生姜而得名，在甘肃省内黄土分布区均有发现，极少数中空者为空石或响石。

（6）图章石

一般由叶蜡石（寿山石、巴林石等）、滑石等较松软的彩石类石料制成，也有用绿柱石、水晶石等致密坚硬的矿物类石料加工雕刻。

（7）彩石

彩石是贵美石的一大类，也属观赏石，具有瑰丽的色彩或花纹，但在耐久和稀罕程度上一般不及宝石和玉雕石。它们全部以隐晶、微晶甚至细晶矿物集合体的形态产出，并可以呈几十厘米以上的大块度出现。肉眼看来透明度较差（少部分"冻石"也可以具有高的透明度）、缺乏韧性（脆而易断）、硬度偏低（大多小于4）。

彩石也可分为两个亚类，即印石和普通装饰石。前者如鸡血石、寿山石等，后者如各种装饰用大理石、花岗石等。中国历史上许多著名的玉材都属于这类彩石，而非严格意义上的玉石。如岫岩玉属于蛇纹石，独山玉属于黝帘石化的钙长石，密县玉属于石英，汉白玉属于细粒大理石，蓝田玉属于蛇纹大理岩等。除此之外，中国古代常用的彩石类玉材还有绿松石、玛瑙、青金石、玉髓等。

（8）文房石（砚石）

砚石应属于彩石类，因甘肃洮砚久负盛名，故而叙之。砚是研墨和抟笔的用具，与笔、墨、纸合称文房四宝。好砚发墨好、不伤笔。砚石即制砚之石，好砚须好石，加上精工制作，便成为具有收藏价值的艺术品。砚石的欣赏，除对砚石本身的欣赏外，更多地集中在对工艺的欣赏上。石美，形更要美，再配以雕刻、镂画、铭文、钤印和命名等手法使之成为和谐完美的一体，方可称得上美砚。砚台历经秦汉、魏晋，至唐代起，各地相继发现适合制砚的石料，开始以石为主的砚台制作。其中采用甘肃岷县的洮河石、广东端州的端石、安徽歙州（今安徽黄山歙县）的歙石制作的砚台，被分别称作洮砚、端砚、歙砚。史书将洮、端、歙称作三大名砚。清末，又将河南洛阳的澄泥砚与洮、端、歙砚并列为中国四大名砚。

洮石是经历机械沉积及区域性浅变质作用形成的粉砂质板岩，岩石结构细密，滋润滑腻，颗粒细，粒径为0.01mm以下，密度为3.04g/cm³左右。岩石经长期浸润水分充足，磨墨快且细腻光滑，呵之出水，砚堂盛水久存不干，故享有虽酷暑而倾墨不干之盛誉。其硬度适中，为摩氏硬度3，质硬而不脆，磨墨经久耐用。其色泽美观典雅。颜色有翠绿、赤紫、暗红、黑等十多种，其色泽之美居诸砚之首。北宋著名词人张文潜在答谢黄庭坚赠洮砚诗中赞美道："明窗拭墨吐秀润，端溪歙砚无比色。"绿色是洮石的代表色，洮石不仅色秀而且拥有圭璋之质。洮石性能卓越优良。洮石不仅色泽美观，其天然形成的石纹图案更显神韵，有的如惊涛骇浪，有的如平水微波，有的如云、气、点等多种自然图案，充分地显示出动感。石之美决定了砚之奇，洮砚贮水不耗历寒不冰，涩不留笔滑不拒笔，发墨快而不损笔，储墨久而味不腐，用之挥洒得心应手。

当代国画大师黄胄赞曰："万古洮石，磨墨为宝。昔日珍品，今日更好。"

洮砚石质细润坚实，泼墨如油不损毫，书写流利生辉，有"鸭头绿""柳叶青""鹦鹉血"等名贵品种，绿色中含有条纹，形成变化万端的云水，不但尤其美妙，而且含有云霞风漪，下墨既快又省。洮砚温润，所以呵气成珠，借以墨即可书写，将磨好的墨贮于砚中，经月不涸，又不变质。这种砚石带有黄标的更为名贵，故有"洮砚贵如何，黄标带绿波"之赞。宋书法家米芾著《砚史》云："通远军，（古称陇西郡，洮河流域归此）石砚，石理涩可砺刃，绿色如朝衣，深者亦可爱。"洮砚石之上品，扣之有清越铿亮之声，着水磨墨，相恋不舍，但觉细腻，不闻磨声。作为砚石，肌理细润而坚密可谓之"道德高尚"，发墨快而不损笔毫可谓"才能出众"，滋津润朗贮墨不干可谓"品格高雅"，绿质黄章，色泽雅丽可谓"容貌灵秀"。因此，洮砚在砚林中可谓"德、才、品、貌"四绝，无与伦比。1997年甘肃省人民政府为庆祝香港回归曾赠送一方"九九归一砚"，砚长122cm、宽68cm、高19cm、重214kg。近年来，洮砚制作的实用性和艺术性得到了完美巧妙的结合，相继开发了洮砚石

料的茶海、摆件、笔架、笔筒等生活文化用品，将卓尼县古老艺术推进到一个新的水平。

（9）化石

化石是存留在岩石中的古生物遗体、遗物或遗迹，最常见的是骨头与贝壳。从地质时代上除特别古老的深变质岩所处的太古宙以外，元古宙以来的各时代的沉积岩层几乎都有化石产出。产出最多的是实体化石，包括动物化石和植物化石；其次为遗迹化石，模铸化石和化学化石相对较少，也少为人们重视。甘肃的化石分布于全省各地，以西秦岭地区最为集中，在甘肃临夏、玉门、马鬃山、金川区等地区有恐龙、硅化木、鱼类化石产出。

（10）矿物晶体、矿石

矿物晶体是由生长在岩石的裂隙或空洞中的许多矿物单晶体所组成的簇状集合体。矿石是指可从中提取有用组分或其本身具有某种可被利用的性能的矿物集合体，可分为金属矿物、非金属矿物。在自然界以完好单晶或晶簇产出的矿物比较稀少，一般都要在晶洞裂隙中才有可能找到。这是因为矿物晶体发育完整的重要条件是需要一个能自由生长的良好空间，且溶液的过饱和度比较低，使矿物结晶速度比较缓慢。在一定温度压力条件下，流体和洞壁围岩不断相互作用，才能生成各种发育完好的矿物晶簇。大自然的鬼斧神工，赋予了观赏石变幻莫测的艺术效果，人们从中得到意想不到的审美享受。

6. 观赏石成因

观赏石均来源于岩浆岩、沉积岩、变质岩三大主要岩石，其他的如陨石、南北极石或古生物化石属于另类小众观赏石。

（1）岩浆岩

岩浆岩为岩浆侵入地壳或喷出地表后冷凝而成的岩石，分侵入岩和喷出岩两种。侵入岩由于在地下深处冷凝，故结晶好，矿物成分一般肉眼即可辨认，常为块状构造，按其侵入部位深度的不同，分深成岩和浅成岩；喷出岩为岩浆突然喷出地表或海底，在温度、压力突变的条件下形成，矿物不易结晶，常具隐晶质或玻璃质结构，矿物肉眼较难辨认。常见的岩浆岩有花岗岩、正长岩、闪长岩、辉长岩、花岗斑岩、流纹岩、安山岩、玄武岩等。

（2）沉积岩

沉积岩是组成地球岩石圈的主要岩石之一，是在地壳发展演化过程中，在地表或接近地表的常温、常压条件下，任何先成岩石遭受风化、剥蚀地质作用的被侵蚀产物，以及生物作用与火山作用的产物，在原地或经过外力搬运所形成的沉积层、经成岩作用而形成的岩石。沉积岩主要有砾岩、砂岩、页岩、硅质岩、石灰岩、白云岩等。

传统造园景观石及文人石多属于碳酸盐类沉积岩石，极易被水溶浊，易形成"瘦、皱、漏、透"之山水景观之形态。

（3）变质岩

变质岩是在地球内力地质作用或变质作用下，岩石发生结构、构造甚至物质成分的重组所形成的新岩石。岩石在固态情况下，由于地壳的构造运动、岩浆活动和地热流的变化等地质作用，地质环境和物理化学条件发生根本性变化，原先存在的岩石发生物质成分的迁移和重结晶形成新的矿物组合。本书主要关注的是变质岩的矿物重结晶、纹理或颜色的改变。

变质作用有接触变质作用、动力变质作用、区域变质作用、气成热液变质作用等。岩浆侵入使围岩受热发生接触变质作用，如中酸性岩浆岩（花岗岩、花岗闪长岩）与碳酸盐岩（石灰岩、白云岩）发生接触变质作用，形成诸如红柱石、蓝晶石、硅灰石、石榴石、透闪石、透辉石、阳起石、绿柱石、绿帘石、电气石、滑石、萤石、黄玉、青金石、玉髓等矽卡岩矿物；而石灰石、白云石经过区域变质作用，使矿物重结晶形成大理岩，基性岩、超基性岩经气成热液变质作用形成蛇纹石、滑石、绿帘石等。

二、地质年代

地质年代是指地球上各种地质事件发生的时代。它包含两方面含义：其一是指各地质事件发生的先后顺序，称为相对地质年代；其二是指各地质事件发生的距今年龄，主要运用同位素技术又称同位素地质年龄。这两方面结合，才构成对地质事件及地球、地壳演变时代的完整认识，地质年代表正是在此基础上建立起来的。

地质年代从老至新依次为太古代、元古代、古生代、中生代、新生代；古生代分为寒武纪、奥陶纪、志留纪、泥盆纪、石炭纪、二叠纪；中生代分为三叠纪、侏罗纪、白垩纪；新生代分为古近纪、新近纪和第四纪。各年代列表反映地质演化的历史，通过同位素测年标明距今年龄数据，见表1-1。

表1-1　中国地质年代表

宙	代	纪	世	距今年数
显生宙	新生代	第四纪	全新世	1.17万
			更新世	258万
		新近纪	上新世	533万
			中新世	2303万
		古近纪	渐新世	3390万
			始新世	5600万
			古新世	6600万
	中生代	白垩纪	上白垩世	1.01亿
			下白垩世	1.45亿
		侏罗纪	早侏罗世	1.62亿
			中侏罗世	1.75亿
			晚侏罗世	2.01亿
		三叠纪	早三叠世	2.37亿
			中三叠世	2.47亿
			晚三叠世	2.52亿
	古生代	二叠纪	早二叠世	2.60亿
	晚古生代		中二叠世	2.73亿
			晚二叠世	2.99亿
		石炭纪	早石炭世	3.23亿
			晚石炭世	3.59亿
		泥盆纪	早泥盆世	3.83亿
			中泥盆世	3.93亿
			晚泥盆世	4.19亿
	早古生代	志留纪	早志留世	4.44亿
			中志留世	
			晚志留世	
		奥陶纪	早奥陶世	4.58亿
			中奥陶世	4.70亿
			晚奥陶世	4.85亿
		寒武纪	早寒武世	5.39亿
			中寒武世	
			晚寒武世	

续表

宙	代	纪	世	距今年数
元古宙	元古代	震旦纪	早震旦世	6.80亿
			晚震旦世	
		南华纪	早南华世	8.00亿
			晚南华世	
		青白口纪	早青白口世	10.0亿
			晚青白口世	
	中元古代	蓟县纪	早蓟县世	14.0亿
			晚蓟县世	
		长城纪	早长城世	18.0亿
			晚长城世	
	古元古代			25亿
太古宙	太古代	新太古代		30亿
		古太古代		38亿
冥古宙				46亿

三、资源分布

甘肃省跨天山—阿勒泰宝玉石矿带、阴山及边缘地区宝玉石矿带、祁连山宝玉石矿带和秦岭宝玉石矿带，宝玉石矿产品种类较多，主要有海蓝宝石（绿柱石）、彩色碧玺、黄玉、水晶、石榴石、透辉石、冰洲石、尖晶石、锆石、锡石、蓝晶石、刚玉、天河石、白钨矿、绿帘石、方铅矿、闪锌矿、红柱石、辰砂等。

甘肃省的玉石、观赏石资源较丰富，下文将按地区或宝玉石带进行说明。

（一）北山地区区域构造岩浆岩带

甘肃省北山地区构造岩浆岩广泛发育，区域变质岩中的硅质岩、各类火山岩中的玛瑙（肃北蒙古族自治县马鬃山镇南部）、变质蛇纹岩（肃北蒙古族自治县花南沟）、软玉（瓜州县玉石山）、叶蜡石（肃北蒙古族自治县南金山）、蛋白石、玉髓、芙蓉石、孔雀石 等造就了丰富多彩的玉石、观赏石。其中金塔国画石、水草石、肉石、硅化木具有特色，恐龙化石丰富。

（二）祁连山宝玉石带

甘肃省祁连山地区基性火山岩带发育，祁连玉（酒泉、肃南裕固族自治

县玉石梁）分布广泛，阳起石软玉（天祝藏族自治县大通河）独树一帜，玛瑙（永昌县北海子）、萤石（金塔县大红山、高台县七坝泉、永昌县焦家庄）、孔雀石、蔷薇辉石、石膏（临泽县正北山）、赤铁矿（血石）等异彩纷呈，尤其祁连玉是省内主要玉石产地及加工原料来源。玉门硅化木景区已成为省级地质公园，其硅化木化石纹理清晰，质地坚硬，年轮可辨，规模宏大。

（三）西秦岭地区观赏石带

处于秦岭宝玉石成矿带的有绿松石（宕昌县良恭镇）、玛瑙（碌曲县）、透辉石（天水市）、冰洲石（武都区、漳县）、石膏（临潭县）、大理石（漳县、成县）、菊花石、孔雀石、蛇纹石（宕昌县小儿山）等。武都区、徽县、成县、漳县的水纹石、水锈石、叠彩石丰富多彩；作为矿物晶体的种类很多，如西成铅锌矿田的方铅矿、闪锌矿，甘南藏族自治州舟曲县九原、坪定的鲜红色辰砂和柠檬黄色、橘红色的雄黄、雌黄；甘南藏族自治州不同颜色的玛瑙，鲜艳多色、晶型完整的萤石，等等。

第二章　玉石

一、透闪石玉

全球发现和田玉的国家除中国外，还有俄罗斯、加拿大、澳大利亚、新西兰、韩国、沙特的迪拜等40多个国家和地区。但国外矿床成因主要为基性岩蚀变类型，韩国的可能与辽宁岫岩类似。国内目前除驰名中外的新疆和田外，还有青海、贵州罗甸、辽宁岫岩以及甘肃的马衔山、肃北、敦煌等地，广西大化瑶族自治县岩滩镇产出有白玉、青白玉、青玉、黄玉、墨玉、黑青等，其中黑青经分析阳起石占95%以上，为阳起石玉。河北、河南、江西及湖南临武县香花岭地区也有分布。花岗岩、花岗闪长岩与大理岩接触带中的软玉多产在偏镁质大理岩一边，受次一级裂隙控制。镁质大理岩的成岩时代多在早古生代，但花岗岩侵入时代新疆和田为距今两亿多年前的华力西，即和田玉形成时代为华力西。

甘肃省发现透闪石（软玉）矿产地11处以上，均为矿点。其中产在北山成矿带的肃北蒙古族自治县马鬃山镇、瓜州县、敦煌市，产于祁连山地区西段的肃北蒙古族自治县，产于祁连中东段的天祝藏族自治县、临洮县、通渭县、清水县，产于西秦岭北带的天水市东峪沟、武山县胭脂沟等。瓜州县照壁山、玉石山等地的软玉，为白色透闪石质玉石，产于基性—超基性侵入岩及变质岩中，玉矿呈脉体、囊状等；天祝藏族自治县大通河沿岸的含阳起石软玉，为浅绿色、白色，玉矿呈脉状、透镜状，矿体产于蚀变大理岩中，矿体沿层理较规则断续分布；清水县上王庄透闪石矿，蚀变带长1800m，宽120m，产于基性—超基性侵入杂岩体交代蚀变带中（见表2–1）。

表2-1 甘肃省透闪石质玉石产地一览表

矿产地名称	工艺类型	品种	矿种	规模
肃北蒙古族自治县马鬃山径保尔草场玉石矿	软玉	白玉、青白玉	透闪石	矿点
肃北蒙古族自治县马鬃山寒窑子草场玉石矿	软玉	青白玉、白玉	透闪石	矿点
临洮县马衔山玉石矿	软玉	青白玉、黄白玉	透闪石	矿点
瓜州县任家山玉石矿	软玉	墨玉	透闪石	矿点
敦煌市三危山玉石矿	软玉	青白玉、黄白玉	透闪石	矿点
酒泉市老君庙透闪石玉矿	软玉	白玉、黄玉、青白玉、岫玉等	透闪石	矿点
天祝藏族自治县铁城口透闪石矿	软玉	青白玉	透闪石、阳起石	矿点
通渭县周家沟玉石矿			透闪石	矿点
肃北蒙古族自治县石油河脑透闪石矿			透闪石	矿点
清水县上王庄透闪石矿			透闪石	矿点
天水市东峪沟透闪石矿			透闪石	矿点
武山县胭脂沟透闪石矿			透闪石	矿点

　　甘肃北山地区处于天山—阿尔泰和阴山及边缘地区之间的地段，是我国重要的宝玉石矿带。省内软玉矿产也主要产于此矿带中，在该成矿带的中部和南部地区产出4处软玉矿点，且主要分布于古老的变质地块中。马鬃山玉矿产于新太古代—古元古代北山岩群，三危山玉矿则赋存于新太古代—古元古代敦煌岩群中，岩性皆为蚀变透闪石大理岩和片岩。任家山玉矿则赋存于早古生代透闪石岩中。

　　产于祁连地区的软玉矿，地处昆仑—祁连山宝玉石带上，分布于肃北蒙古族自治县石油河脑、天祝藏族自治县大通河、临洮县马衔山、通渭县周家沟、清水县上王庄等地，也是省内主要的透闪石玉石矿产地，赋矿岩石多为前寒武系变质岩系透闪石大理岩等，其中以铁城口和马衔山软玉矿点较为典型。

甘肃透闪石玉的透闪石内部为毛毡状交织结构，油脂性强，大多较通透。质地略显疏松，多漂浮有零星白色棉絮状"玉花"。色泽斑斓古朴，无鲜艳扎眼之感，主要有浅绿、深绿、墨绿、灰绿、黄绿、黄、黄白、青白、灰白、白、灰色、青花等。

（一）临洮县马衔山玉

1. 赋存位置

马衔山玉矿产在临洮县峡口镇马衔山上漫坪村海拔近3000m的山梁处（图2-1）。目前开采点有一处，在相邻的一条沟开采萤石矿点笔者发现有玉石小转石。另从谷歌地图中看有多处呈带状疑似开采遗迹。20世纪70年代，地质队勘查萤石矿时从榆中峡口到普济寺茨泉子、玉石山、红土沟，向西北方向的大咀、杨家沟均发现透闪石玉矿化线索，有软玉角砾。当地村民也不止在一条沟中拾过玉石。

图2-1　临洮县马衔山玉石矿区远景

2. 地质特征

软玉赋存在花岗岩与混合岩、镁质大理岩接触带附近。踏勘调查对相距7km的3条沟追索，在其中一条沟追至山顶见约80m的开采断面，开采斜硐深10m。硐口已炸毁封堵。据采玉人讲，矿脉宽从10~100cm不等，向深部具变宽趋势。夏秋季天气暖和时，邻近玉矿的上、下漫坪村群众采捡玉石，在采场废石堆中可捡到小块青白玉、青玉。在上漫坪村民家中见到一种淡黄色白玉，质地细腻温润，价格昂贵。在另一条沟萤石矿采场的含萤石角砾岩中见淡黄色白玉、青玉角砾，说明该沟也有软玉存在。

3.玉质类型

马衔山软玉初步可分为黄玉和青玉两大类。调查中采集玉料标本2块，送甘肃省地矿局中心实验室珠宝玉石鉴定中心，通过光谱扫描、薄片分析，结论属优质软玉，透闪石含量及玉质细腻程度均优于青海软玉。

（1）黄白玉

呈米黄色、淡黄色（图2-2），有的黄中带绿，油脂光泽，半透明，纤维变晶结构，不规则团块状构造，调查所取样品因切割在透辉石、透闪石过渡界面，透闪石含量为55%，透辉石为45%。密度为3.00g/cm^3。

图2-2 临洮县峡口镇马衔山黄玉标本

黄白玉颜色柔和、均匀，质地细腻温润，光洁坚韧，无绺裂，无杂质，油脂光泽明显，基本无杂质及其他缺陷，属上乘好玉。目前新疆和田黄玉基本采尽绝迹，玉石商人高价从当地购进马衔山黄玉，带到广东、江苏及海外，充当新疆和田玉出售。当地村民以自采的黄玉简易加工为饰品（图2-3），挂在项间，君子比德于玉。

图2-3　马衔山黄玉挂件

玉商则将玉加工为齐家文化或商周仿古玉，在北京、上海展销，经济效益极好。

（2）青玉

马衔山和田玉主要以青玉为主，均为山料（图2-4），大块有30千克，小的数十克。颜色为青绿色，半透明至微透明，油脂光泽，油较重，密度为2.94g/cm^3，纤维交织结构，块状构造，参差状断口，透闪石含量大于99%。新采出的表面似不细密，但打磨抛光后非常细润，微透明、半透明。在一些玉石表面有如蚂蚁一样的小纹，或如松树叶一般的图纹，100倍显微镜下观察，是铁、锰氧化物沉淀形成，常称为假化石，仅沉积在裂隙表皮，打磨后玉质纯净。近地表玉石略带糖色，但厚度不大。

当地人将青玉加工为小挂件，价格不菲（如图2-5）。

图2-4　马衔山青玉标本

图2-5　马衔山青玉饰品

以往地质工作：1986年，依《甘肃省临洮县马衔山南坡及漳县一带非金属矿产地质普查设计》和《临洮县人民政府、省地矿局第一地质队关于临洮县马衔山南坡萤石、玉石、方解石、辉绿岩等非金属矿产地质评价工作协议书》，要求对马衔山南坡萤石、玉石、方解石、辉绿岩等非金属矿产做出不同程度的地质评价工作，1987年3月提交该区地质评价报告。通过初步普查，找到了玉石原生产地，但未找到玉石矿体及转石。据马衔山一带普查报告，该地在清朝同治年间曾采过玉石。该点处于小石马花岗岩体外接触带，即中下元古界马衔山岩群第一组条带状黑云二长混合岩的破碎带中。青玉可能产在透辉透闪石岩中。报告同时认为，目前尚存在两个问题：①玉石可能产在山脊西坡，所采玉石多在山脊的东坡水系中，山脊东坡覆盖广厚；②透闪石岩产在条带状黑云二长混合岩破碎带中，透闪石岩规模、产状不清，此处出现透闪石、透辉石蚀变矿物原因不明。并认为马衔山玉料分山料和水料，但块度都不大，现代工艺价值较低，但不排除远古时代曾大规模开采，以致现代玉矿资源枯竭。

4. 地质成因

马衔山软玉矿区，与镁质大理岩相接触的小石马二长花岗岩、正长糜棱岩体，形成时代为距今约18亿年前的古元古代，其内有白云质大理岩捕房体，软玉的形成年代有待研究，有人认为属于加里东期，但形成时代肯定要早于新疆和田玉。软玉形成的层控属性明显，矿源层为古元古代镁质大理岩，岩浆主要起活化交代作用。区内马衔山南麓泉儿湾至漫坪洼一带长30km、宽100~500m的断裂带上，有多处萤石矿点，萤石矿块中可见角砾状软玉，说明软玉矿体在断裂带内被挤压破碎，后被萤石热源填充（图2-6）。

至于马衔山软玉（包括肃北马鬃山软玉）有黑色斑点（图2-7），即蚂蚁脚的问题，与其成矿原岩含锰有关。马衔山群及敦煌群大理岩富含锰，局部地区锰富集成矿或矿化。

新疆和田玉研究开发程度较高，其次为青海，贵州罗甸具后起之势。青海现发现3处产地，其中两处属昆仑山造山带东延带，第三处位于门源回族自治县及祁连县的祁连山脉，主要出产碧玉，与其紧邻的甘肃祁连山区是否也有同类型的软玉，应予以重视。

图2-6　马衔山构造角砾状软玉

图2-7　马衔山蚂蚁脚软玉、黄玉标本

5. 开采开发

　　马衔山玉最早开发历史为距今4200—3700年前的齐家文化，笔者在武山博物馆所见的黄玉即有马衔山玉的特点，另外秦安—静宁一带出土的齐家文化的青玉、黄玉也是马衔山所出（图2-8）。

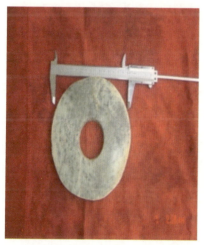

图2-8 武山县博物馆藏玉

据传当地清朝同治年间曾开采过玉矿，有加工玉石的场址。此前是否开采过因没有记录不得而知。20世纪80年代，甘肃省地矿局地质一队曾开展过萤石等非金属地质工作，发现软玉线索，但未深入开展工作。20世纪90年代初，地质一队一临洮籍马姓退休工程师与人合作，从距玉矿20km架设动力电准备进行玉矿开采，但不知因何故终未开采。

临洮峡口镇每年夏秋两季山洪过后，常有淡黄色白玉冲入河道，当地百姓能捡到大小不一的玉料。数年前玉价高时，在玉石山两条支流王家沟和漆家沟及主流大碧河有多人雇用挖掘机翻挖河道找玉，场面甚大。

山料开采时间不长，开采量不大。软玉行情好时，收玉的人就等在山顶洞口，采出的好玉料多人竞相出高价抢购。近年来玉价下滑，村民家中多藏青白玉料，大小在2kg~10kg不等。青玉售价每千克1万元左右，淡黄色白玉价格高昂，是青玉的数倍。

当地人捡拾小玉片做成挂件，玉质色泽与齐家文化玉类似，考古专家古方等人认为齐家文化甚至西周前甘肃乃至中原的软玉一部分来自甘肃。从卫星地图上看，有一条近北西向的故人开采遗址。通过近期工作，证实临洮马衔山确有软玉矿存在，有一定的地质储量及开发前景。

马衔山软玉色泽沉稳浓艳、质地细腻温润，以原生山料居多，玉质好，少绺裂，以青色、深绿色为主，色相庄重，韧性极强，是加工制作玉器的高档优质原料。马衔山、马鬃山软玉的相继发现，结束了甘肃不产高档玉石的历史，丰富了甘肃宝玉石资源种类，给甘肃省宝玉石产业的发展带来了新的机遇。

（二）肃北蒙古族自治县马鬃山透闪石玉

1. 产出位置

马鬃山软玉矿位于肃北蒙古族自治县马鬃山镇西北和东北的戈壁上。目前已确认了径保尔草场和寒窑子草场两处古代玉矿遗址。其中径保尔草场玉矿遗址年代为战国至西汉，可能存在四坝文化（距今约3900—3400年）时期的遗存；寒窑子草场玉矿遗址最早开采年代为骟马文化时期（距今约3500—3000年），明清时期也进行过开采。考古工作者在马鬃山玉矿遗址共发现矿坑近300处，均为露天开采矿坑。发现有大量采矿工具石器和玉料，石器包括石锤、石斧、砍砸器；玉料体型不大，有初选后的精料，大量边角废料和部分戈壁料。

（1）寒窑子草场玉矿遗址

位于马鬃山镇东北约37km处的寒窑子草场，面积50万平方米，主要遗存有矿坑、矿井、石料堆积。矿脉呈东西走向，各类遗存依矿脉走向分布于山麓两侧。目前确定矿坑6处、斜井1处、石料堆积2处、防御型建筑1处。在矿坑周边及山麓两侧采集到大量的碎玉料、石锤、砺石、陶片、瓷片等。

图2-9 寒窑子玉矿遗址 矿坑（K4）

（2）径保尔草场玉矿遗址

径保尔草场玉矿遗址位于马鬃山镇西北约20km的戈壁滩上，马鬃山玉矿遗址（包括径保尔草场和寒窑子草场）已于2019年10月7日由国务院公布设立为全国重点文物保护单位。各类遗存沿矿脉走向整体呈北西至南东向分布，出土遗物主要有陶器、石器、铜器、铁器、玉料、石料、皮革、动植物遗存等，玉料从产状看分为山料和戈壁料，以山料为主，戈壁料较少。

径保尔草场玉矿所呈现出的一个共同特征就是所在区域海拔较低，植被稀少，矿层出露较浅，矿脉多有露头。与新疆和田玉山料所处海拔高、古人很难开采利用的情况截然不同，这里极其便于古人找矿和在矿脉露头处露天开采（图2-10）。

图2-10　径保尔草场玉矿矿坑

河西走廊地区矿产资源丰富，是我国早期铜冶金的重要区域，在20世纪的地质调查报告中多有在铜矿调查中发现老矿硐的记录，河西走廊早期冶金遗址调查时也发现了白山堂铜矿等古代采矿遗存，证实了河西走廊地区的先民们很早就掌握了找矿、采矿的技术。大量铜矿、玉矿遗址的发现，表明在河西走廊地区曾经很可能生活着一支或多支在找矿、采矿等方面有着丰富经验的人群，从铜矿的寻找开采，到玉矿的寻找开采，不同行业在相近领域的知识和经验上有着一定的积累、借鉴与传承，这可能是甘肃西部地区玉矿资源很早就被开采利用的一个主要原因。

2. 玉质

马鬃山玉料成分为透闪石，属于古人心目中的真玉。颜色主要为黄绿色、灰绿色、青灰色，大部分呈不透明，质地较松、脆，浅绺裂较多，内部常泛有浅赭色色斑及饴糖色藻丝状沉积结构纹。质地精优者不逊于和田玉（图2-11）。

马鬃山寒窑子、径保尔玉矿遗址采集和出土最多的是废玉料。玉料的成因类型属于富镁碳酸盐岩与火成岩的接触交代变质成因，可分为白玉、青玉、青白玉、黄玉、黄白玉、糖玉和墨玉等类型，其中黄白玉和青玉比较常见，以颜色饱和度偏低的黄白玉最为典型。玉料主要矿物为透闪石，玉化好的样品透闪石含量达95%，品质好者透闪石含量高达99%。玉料具有柱状变晶结构和纤维交织结构，其中柱状变晶结构和纤维交织结构混杂出现者常见，致密细腻玉料的透闪石颗粒在5~20μm，部分粗粒者达20~100μm，玉料折射率为1.61~1.62，平均相对密度为2.95g/cm³。

图2-11　径保尔草场玉料

根据野外观察和室内比较，马鬃山玉矿遗址玉料和新疆甚至辽宁河磨玉的玉料颜色质感上均有很多相似之处，但在颜色特点、透明度、副矿物组成

图2-12　径保尔草场玉矿戈壁料

及结构特征上又有自身显著的特点（图2-12）。

马鬃山玉料在矿物成分及化学成分上和新疆、青海、辽宁等地的玉料基本一致，都是由高含量的透闪石组成，化学成分和标准的透闪石矿物相同。和新疆玉料相比，马鬃山碎落玉料多数具有风化皮壳，并且部分样品玉质与皮壳之间较难完全分开，虽然也发现了含石墨的青花料或者墨玉，但比例明显低于新疆。新疆的玉料，从新疆本地市场上出现的比例看，含石墨的样品几乎可以达到50%，山料一般较少含风化皮壳，籽料的皮壳一般较薄；在颜色上，新疆料以青白玉和白玉为特征，虽然若羌等地也有黄玉或者黄白玉的山料，但多数不具有皮玉混杂的特点；在结构上，新疆和田籽料一般更为细腻。和马鬃山玉矿遗址群玉料相比，青海玉料以山料为主，颜色白和青的居多，矿物颗粒较细，透明度高，含有水线的玉料较为常见，含有石墨的玉料，石墨以非常细小分布的尘状为主，比例也不大，而辽宁河磨玉黄色的饱和度偏高，质地更粗，含石墨样品的比例也更大。

马鬃山玉矿和敦煌地块玉矿的发现为祁连山玉矿成矿域的研究提供了窗口，可能改写中国古代玉料供应的格局，打破过去认为早期玉料来自新疆的传统认识（图2-13）。

"马鬃山玉"以山料、戈壁料为主，透闪石含量在80%左右，白玉、青白玉最具代表性。开采方式是在玉矿脉露头处敲击剥离矿石和捡拾已风化剥落的玉料。

图2-13　马鬃山玉籽料

3. 地质特征及成因

径保尔草场和寒窑子草场玉矿点，为中酸性岩浆热液接触交代型透闪石玉。

玉矿化赋存于新太古代—古元古代北山岩群的变质岩中，以片岩—片麻岩—斜长角闪岩—石英岩—大理岩组合分布于勒巴泉—野马街—马鬃山一带，呈北西—北西西向带状展布。2001年完成的1：25万马鬃山幅区调填图和专题研究资料确定，马鬃山透闪石（软玉）矿化产于该地区区域动力变质岩及接触变质岩中。

（1）区域动力变质岩

该区的前长城基底岩系北山岩群，吕梁期构成峰期变质，晋宁运动期后，受多旋回的裂解、推覆和碰撞等造山作用，呈断块状被卷入不同的构造环境之中，原始沉积层序已被破坏和改造。

透闪石大理岩：特征变质矿物黑云母为自形鳞片状，具红棕—浅棕多色性；石榴石为浅黄棕色，常具筛状变晶结构，包裹体粒径明显小于基质；角闪石柱状晶体，黄绿色；粒状十字石斑晶，显微镜下浅黄色。依据岩石组合、特征变质矿物和所出现的递增变质带，该变质岩系的峰期变质相为高绿片岩相—低角闪岩相。

（2）接触变质岩

接触变质岩主要见于加里东—印支期岩体的外接触带中，大型复式岩基的围岩和捕虏体中接触变质岩发育，受围岩原岩性质、岩体规模、接触面产状和剥蚀程度等因素的制约，不同岩体、围岩的变质晕和变质程度差别很大，变质晕宽度从几米到数千米，变质相从钠长绿帘角岩相到辉石角岩相，针状、竹节状的矽线石、石榴石、红柱石、堇青石、透闪石等高温矿物常见。因受后期变质变形的叠加改造，接触变质岩和区域变质有时不易区分。该区岩体的接触变质岩岩石组合为阳起石斜长角岩、云母堇青石角岩、红柱石长英角岩、堇青石透闪片岩等。

马鬃山玉矿分布区的敦煌群白云质大理岩的形成时代应与马衔山群相同，且均属B岩组。花岗岩主要为加里东期的志留纪、石炭纪、二叠纪，初步认为马鬃山软玉的形成时代为加里东期。

敦煌群白云质大理岩及其与花岗岩的接触带和区域性断裂，三者发育地段则为玉石成矿有利地段。马鬃山向西，敦煌已有人采玉，属蓝田玉类型，但其中含较多的透闪石，今后应予以关注。考古人员在肃北蒙古族自治县城西北15km发现有古人加工玉石遗址。

（三）敦煌市三危山透辉石、透闪石玉

1. 产出位置

该矿点已有小规模民间盗采，沿矿带追索2km左右发现矿点2处，现场采集到花玉（图2-14），目测透闪石含量不高。所采标本在蛇纹石大理石过渡带，含一定量的透闪石，在滤色镜下显红色，致色元素可能有铬。含方解石，滴盐酸起泡。青灰色，呈砂糖状。密度为2.85g/cm³。在酒泉、张掖市玉石市场见采自当地的含透闪石玉，但玉质一般。建议选择玉石矿成矿条件好的北山瓜州县柳园镇红柳河、北祁连玉门市锅底坑山和阿尔金山阿克塞哈萨克族自治县安南坝等地为重点调查区。

图2-14 三危山透辉石、透闪石玉标本

2. 敦煌市三危山玉矿遗址

位于敦煌市东47km的三危山，地理坐标为东经95°12′46″，北纬40°11′49″。三危山北侧为东戈壁，柳格高速（G3011）和安敦铁路贯穿戈壁滩，有便道通达旱峡。山南侧是一百四十里（70km）戈壁荒滩。三危山呈北东东向突兀于戈壁滩上，旱峡西侧即著名的敦煌莫高窟石窟和敦煌机场。

该玉矿面积约300万平方米。共发现地面遗迹145处，其中矿坑114处、矿沟8条、岗哨12处、房址8座、选料区3处。含玉矿矿脉3条，基本顺山体走向呈东西向分布。各类遗迹沿矿脉走向分布于山体南北两侧。矿坑均为露天开采，多为古代遗存，部分为现代开采，少量现代矿坑、矿沟系在古矿坑基础上开采形成。地表遗物有玉料、石器和陶片、铁器碎块等（图2-15）。陶片采集标本主要有器口、耳、腹、底、盖，以夹砂灰陶和红褐陶为主，素面居多，部分饰戳印纹、斜绳纹、刻画纹，均为手制。

图2-15 旱峡玉矿遗址（局部）

三危山玉矿遗址只见骟马文化陶片，较径保尔玉矿遗址所见骟马陶器年代偏早，从仅见骟马文化陶片的情况来看，此矿应为骟马文化人群独自开采利用。

透辉石玉分布较广，由于测试技术限制，古人将一些淡黄绿色玉石视为透闪石玉，即和田玉，随着现代分析测试技术的发展，尤其无损检测手段X射线及电子探针在宝玉石鉴定中的广泛应用，发现包括先秦时期的许多老古玉其矿物成分实为以透辉石为主的含透闪石玉。另外，虽非和田玉，但也不能想当然就认为是蛇纹石玉，其硬度较大，结构与蛇纹石也有别，杂质也较少（图2-16）。

图 2-16　敦煌透辉石玉

有关甘肃透闪石玉石矿产，2017年12月7日发表在《兰州晨报》上的《玉出三危，华夏文明探源的重大发现》一文进行了如下记述：

第13次玉帛之路（敦煌三危山）文化考察活动于2017年8月下旬启动，考察路线为敦煌三危山、金塔县羊井子湾、秦安县大地湾。其中敦煌三危山的此次考察成果堪称重大：找到并初步确认位于敦煌三危山旱峡的古代玉矿，其开始年代可能早在距今3500—4000年。这一考察成果被视为1900年发现敦煌藏经洞以来，由中国本土学者在敦煌独立完成的具有深厚文化底蕴的又一次重要探索发现。

"《丝绸之路》杂志社社长、玉帛之路文化考察活动之发起和组织者之一的冯玉雷了解到"，"早在2015年，刘继泽就与敦煌一位私营老板董杰实地考察过3次三危山古玉矿，并且采集到带彩陶片和玉料"。"董杰原本是在敦煌作画的画工，没事儿就喜欢在敦煌周边到处晃悠。有一次，他跑到三危山东边的沙漠里，天黑了又冷又饿就钻进一个洞穴过夜。天亮之后，他查看这个洞穴，将流沙刨开后，居然是一个高处竖井低处横井的人工洞穴。""洞穴里面有骨头、陶片和一些玉料，洞顶有火烧过的黑烟灰，还发现了好多玉料。""车出旱峡口，沿小洪沟西行约五千米，可见挖掘机开挖过的深沟壕，董杰说，距此不远的山梁上，就是古代玉矿遗址"。

"上到山梁上，果然见到深邃的矿坑，从碎石料和开挖痕迹判断，应该很古老。从此矿坑逶迤向东南，大约5km，有多处矿坑、矿洞。捡到糖料、石料、碧玉料碎片，有的玉料显然是当年加工后的边角料，朝阳光一面由于岁月久远，变成浅黑色，有的发红；朝地面一面则保持原色。第一次探寻古玉矿后冯玉雷社长在笔记中做了这样记述。"①

3. 地质特征

据1：20万区域地质测量资料，三危山一带的敦煌岩群岩性复杂，主要由片麻岩、片岩、碳酸盐岩、混合岩及火山岩组成，根据岩性、岩相建造、变质程度及标志层等，将其划分为三个岩组，六个段，各岩组、段间皆呈整合或断层接触。其第二岩组在火焰山一带岩性以白云质大理岩、白云岩及含黑云钾长斜长片麻岩及黑云钾长片麻岩为主，白云岩沿横向常相变为白云质大理岩。在截山一带岩性以大理岩、斜长角闪片岩等为主，由于受火成岩影响，有大量的伟晶岩脉及闪长岩脉穿插，致使层序不够清楚。在东巴兔山上口子一带岩性以白云质大理岩、透闪石大理岩、二云花岗片麻岩、石榴黑云斜长片麻岩为主，但沿横向变化较大，至东部沙山蘑菇台一带岩性则变为大理岩、斜长花岗片麻岩、黑云斜长片麻岩、含石榴石石英岩、斜长角闪岩、石榴云母片岩，其中大理岩以扁豆体夹于片麻岩中。玉石（软玉）矿即产于蚀变的透闪石大理岩中（图2-17、2-18）。

图2-17 敦煌市三危山旱峡古代玉矿的矿井图

2-18 敦煌市三危山玉矿出产的透闪石玉料

---

① 玉出三危，华夏文明探源的重大发现［N］.兰州晨报，2017-12-07（A05）.

（四）酒泉市老君庙透闪石玉

位于酒泉市洪水河往羊露河再南行的老君庙。在张掖市奇石博物馆见有白玉，质地细腻，油脂光泽，略泛绿，在灯下较明显，表面看似透闪石玉，即和田玉（图2-19）。笔者后来收集到该类玉石，但与和田玉相比粒度较粗，油性差、水性略差。经甘肃省地矿局第三勘查院中心实验室宝玉石中心鉴定，玉石呈蜡状光泽到油脂光泽，密度为$2.86g/cm^3$，显微镜下观察，为纤维交织结构，不均匀条带状构造，矿物成分透闪石70%、蛇纹石30%，方解石偶见。经在偏光显微镜下观察，透闪石以纤维状和杆状为主，长轴0.02~1.5mm，大小连续，总体杂乱分布，具交织结构，定名为蛇纹石透闪石玉矿。在局部死白的地方滴盐酸起泡，说明部分白色矿物是方解石。

图2-19　张掖市地质博物馆藏祁连白玉

（1）白玉

近年甘肃已在祁连山中段、北山发现有和田玉，且具一定的规模。青海在紧邻甘肃祁连山南部的祁连县、门源回族自治县已发现碧玉矿。祁连山形成和田玉的成矿地质条件具备，有超基性岩、基性岩大面积出露，有分布广泛的前寒武系白云质大理岩，也有加里东期中酸性岩浆岩，也可与邻区对比，地质人员及玉石爱好者应予以重视。

肃南裕固族自治县当地白玉开发较早。肃南裕固族自治县博物馆陈列的汉墓中玉碗及表皮钙化的玉猪为当地白玉加工而成（图2-20），玉质和后来的和田白玉明显不同，现有的物证表明汉时白玉已被开采加工，也许汉之前或已被人所发现。在2000年前交通不便，戈壁荒漠自然条件恶劣的情况下，在祁连山中部采玉比到新疆西部采玉要容易得多。

图2-20　肃南裕固族自治县博物馆收藏的白玉

（2）黄玉

玉质细润，黄绿色，油脂光泽，微透明，呈脉状或斑块状，块度不大，硬度略大于一般的蛇纹玉，估计其中含有一定量的透闪石。显微镜下观察，含有赤铁矿、磁铁矿及方解石等，价格高昂，河南镇平的玉石商人非常喜欢，给价很高，玉质应属含透闪石的蛇纹石玉（图2-21）。

图2-21　黄玉标本

（3）青白玉

玉质细润，淡黄色略带翠色，油脂光泽，微透明，经一组较发育的平行剪节理切割，块度不大，硬度略大于一般的蛇纹玉，估计其中含有一定量的透闪石。显微镜下观察，含有赤铁矿、磁铁矿、方解石等，玉质应属蛇纹石玉（图2-22）。

图2-22　青白玉标本

（4）岫玉

玉质细润，油绿色，油脂光泽，微透明，石中节理及裂隙发育，加工不了首饰及玉牌，做观赏石是上品（图2-23）。

图2-23　岫玉标本

（5）墨玉

玉质细润，墨绿色，蜡状光泽，不透明到微透明，玉中裂隙较多，块度不大，原是做夜光杯的玉料，但近年来块度大的料越来越少，总体玉质不如武山的鸳鸯玉，现今所谓酒泉夜光杯实多出自武山鸳鸯玉（图2-24）。

图2-24　墨玉标本

（6）羊毛沟黄玉

玉石颜色为米黄色，粒状结构或隐晶结构，蜡状光泽到油脂光泽，用小刀可刻动，矿物以蛇纹石为主，含方解石，放大镜下呈白云状，滴盐酸起泡，应属蛇纹石玉，但含有透闪石（图2-25）。

图2-25　黄玉标本

（7）布丁石含透闪石玉

甘肃地区还产有一种俗称"布丁石"的含透闪石玉。不透明，沉积构造显著。典型者有布丁石、波浪条斑、冰裂纹等纹理。色调从黄褐到深绿、灰绿、灰蓝，直至灰褐、灰色，甚至黑色。含透闪石混合岩化大理岩，在甘肃许多地方有分布（图2-26、2-27）。

图2-26　清水博物馆玉牙璋　　　　　　图2-27　秦安博物馆玉钺

（五）瓜州县任家山（玉石山）软玉

1. 赋存位置

任家山软玉矿区地处甘肃省和新疆邻接地区，位于瓜州县柳园镇玉石山西南。兰新铁路和312国道通过该区西南和东北，简易公路可进入矿区，交通较为便利。

2. 地质特征

软玉矿产出于红柳河—洗肠井构造混杂岩带北缘，辉长岩与花岗闪长岩的接触带内，以透闪石—阳起石系列矿物为主要成分，岩性主要为墨绿色、深绿色透闪石岩、微细粒阳起透闪岩、碎裂透闪岩，玉石类型为墨玉。

通过探槽揭露，依照薄片鉴定结果，圈出软玉矿化带一条，走向近东西，带宽26m，露头长约300m，向东西被第四系覆盖。软玉矿体规模一般长

5~10cm，大者达1m以上，多呈不规则的透镜体、脉状和囊状体。

3. 玉质

（1）透闪石：深绿色，粒柱状、纤维状结构，块状构造，该岩石的组成矿物十分简单，除微量的金属矿物外，主要为透闪石，岩石较致密。透闪石的晶体形态复杂，包括短柱状、粒状和纤维状等，可区分单晶体者，长轴主要介于0.03~0.2mm间，中正突起，其中粒柱状晶体闪石式解理发育。粒柱状晶体以单晶体状分散分布，而纤维状晶体一般以集合体的形态分布。各种形态的透闪石晶体均匀分布，长轴无定向性。微量的金属矿物为自形粒状，粒径0.02~0.1mm，均匀分散分布。含透闪石99%，金属矿物微量（图2-28）。

图2-28　透闪石标本

（2）微细粒阳起透闪石（图2-29、2-30）：微细粒不等粒柱状变晶结构（矿物粒径差别较大），块状构造。透闪石为长柱状、针状、放射状，无色，中正突起。

（3）碎裂透闪石：斑状碎裂结构，基质显微微细粒（不等粒）变晶结构，块状构造，矿物组成为透闪石（94%）、角闪石（6%）和微量不透明矿物。

图2-29　细粒阳起透闪石　　　图2-30　微细粒阳起透闪岩

任家山软玉与青海玉、新疆玉同属软玉，又称透闪石玉，其矿物成分主要为透闪石，其次为阳起石，为非蛇纹石型软玉。闪石类的化学成分复杂，类质同象替代现象普遍，透闪石—铁阳起石的化学成分为 $Ca_2(Mg,Fe)_6[Si_4O_{11}]$ $(OH)_2$。在任家山软玉矿化带内采集主量元素分析样品，在兰州大学甘肃省西部矿产资源重点实验室进行分析，结果显示任家山软玉 SiO_2 含量均小于新疆软玉和青海软玉，低于理论值59.1%；TiO_2、K_2O、P_2O_5 含量介于二者之间，Al_2O_3 和 Na_2O 含量明显高于新疆软玉和青海软玉，MgO 含量与青海软玉相当，含量略低于其理论值24.8%；CaO 含量略小于二者，含量略低于其理论值13.8%；闪石类矿物主要为透闪石，还有低铁阳起石，这与其他地方的软玉特征基本相似。围岩蚀变主要为角岩化、滑石化、碳酸盐化和钠长石化。

4. 加工工艺特点

任家山软玉具有纤维变晶结构，致密块状构造，硬度大、韧性强，属于可加工性较强的工艺材料。因任家山软玉与新疆、青海软玉的矿物成分相同，均为透闪石，粒度细，结构均匀，在加工过程中具有易磨、易抛光的特点，雕刻加工的成品细润（图2-31）。

图2-31　任家山软玉加工后的工艺品

（六）天祝藏族自治县铁城口软玉

铁城口软玉矿位于天祝藏族自治县赛什斯镇大通河东岸铁城沟口，南距吐鲁沟国家森林公园8km，省道S301（岗青公路）沿大通河自铁城口处通过，交通方便，地理坐标东经102° 44′ 45″，北纬36° 44′ 36″。

1992—1995年，甘肃省地矿局地质科学研究所开展了1∶50000窑街、连城、漫水滩三幅区域地质调查。在沿大通河测制地质剖面过程中，在铁城沟口一带发现了阳起石透闪石化大理岩，采样鉴定达玉石矿化要求。当时地质科学研究所李林增所长参加全国地矿局地质研究所所长会议期间，将该地所产软玉标本进行展览获得好评。2009年，甘肃省地质调查院完成了《甘肃省永登县铁城口铜多金属矿普查报告》，对该区透闪石化大理岩等矿化地层有较详细的观察叙述。

软玉位于天祝藏族自治县大通河沿岸，玉化岩性为浅绿色、白色含阳起石透闪石化大理岩，软玉矿体一般长5~15cm，宽8cm，呈脉状、透镜状，沿大理岩层理较规则断续分布。

含玉化大理岩地层为中元古界青石坡组（原刘家台岩组），岩石变质较深，以片岩、大理岩为主，在片岩中多见红柱石、阳起石等热力变质矿物，在该地层与岗子口奥陶纪闪长岩体的外接触带形成含阳起石透闪石化大理岩透镜体。

二、蛇纹石玉

（一）酒泉—张掖蛇纹石玉（祁连玉）

1.资源分布

祁连玉是分布在祁连山、阿尔金山山脉，主要以加里东期基性岩、超基性岩蚀变形成的多种玉的总称，因产于祁连山而得名。甘肃祁连玉多属蛇纹石质玉，色彩厚重、质地细腻，为玉中佳品，深受玉石爱好者青睐，被称为中国五大玉种之一，自古就有"葡萄美酒夜光杯""祁连美玉甲天下"之说。

甘肃蛇纹石产地分布广泛，仅祁连山西段就分布有加里东期超基性岩、基性岩体群100多个，岩体蚀变程度强，蛇纹石化分布广泛。同时，中酸性岩浆岩与前寒武大理岩接触变质作用的蛇纹石化大理岩也极为发育。

(1) 酒泉祁连玉

酒泉祁连玉又称为酒泉岫玉、祁连玉、祁连岫玉、祁连山玉，有时也叫南山玉、河西玉等。有广义与狭义酒泉玉之分。狭义酒泉玉是指老山玉中的老君庙玉，产于蛇纹石化超基性岩中、含有黑色斑点或不规则黑色团块的暗绿色玉石。在矿物上属于蛇纹石玉大类，在珠宝玉石分类中被归入岫玉大类。广义酒泉玉被分为老山玉、新山玉和河流玉三大类。老山玉又分为鹰膀沟玉和老君庙玉两种，鹰膀沟玉为蛇纹石化大理岩，老君庙玉是蛇纹石化超基性岩，原生矿埋藏于肃州区以南的崇山峻岭中，矿体在雪线附近的悬崖峭壁、峰峦顶端的侵入岩体及其与围岩的接触带上，主要是由3.91亿年前富含橄榄石的超基性岩经变质作用形成。山高谷深、冰阻雪封，交通不便，开采极为艰难。新山玉为硅化大理岩。河流玉又被叫作噶巴石、酒泉彩玉，产于祁连山洪水坝等河流的河床、河漫滩和阶地中。在漫长的地质作用过程中，有的原生矿体经风化、侵蚀形成转石，被冰川、洪水千磨万砺、长途搬运，沉积于洪水坝河及其支流峡谷的砾石层中。

祁连玉多呈绿色、微透明，玻璃光泽或蜡状光泽，质地晶莹致密，硬度较大，开采时代很早。改革开放以来，祁连玉得到较大规模的开发，肃州夜光杯生产规模不断扩大，本地出产的老山玉、新山玉及噶巴石远不能满足现代化、标准化、规范化生产的需要，生产厂家改用质地较纯、色调单一、成本较低的武山鸳鸯等蛇纹岩原生矿石，而散落在洪水坝河谷的玉质奇石，多成为奇石爱好者寻觅、观赏、收藏的对象。

曾有一批从天水、定西远道而来的人租用场地，在洪水河坝拾砾石加工成观赏石出售，酒泉当地加工玉的人较少。前几年生意好时，拾一皮卡车玉石加工后可获毛利数千元，一年可收入10万元。近几年购买观赏石送礼的少了，生意断崖式下滑。玉石市场客少人稀，门庭冷落，价格大跌，一些人改行搞餐饮，部分人苦熬靠代加工及捡石头谋生，经营惨淡。

(2) 肃南祁连玉

张掖市蛇纹石质玉开发晚于酒泉，但起步高，地质工作扎实。数年前，肃南裕固族自治县围绕黑河、隆畅河、西大河一带开展玉石资源勘查，先后在玉石沟、羊毛沟等地发现多处玉石矿体，长度1000m~5000m不等，矿层厚度10m~300m，平均宽度100m，每个矿点远景资源量在1亿吨左右，属大型玉石矿。同时在河流中发现了丰富的奇石资源。曾设置玉石探矿权"甘肃省肃南裕固族自治县老君庙玉石矿（蛇纹石玉）普查"，勘查工作由甘肃省地矿局水勘院承担，主要成果如下：

① 位置、交通

勘查区位于肃南裕固族自治县城295°方向直距约125km处，行政区划属肃南裕固族自治县祁丰乡管辖。地理坐标为东经98°16′15″至98°24′30″，北纬39°18′00″至39°20′45″。距离勘查区最近的市镇是酒泉市，从酒泉市区往酒泉火车站方向行约20km进入张掖市祁丰乡境内，该段路程有正规公路可通行，再由祁丰乡向南有简易道路与矿区相连，行程约80km，路况较差，需要长期维护才能保持道路畅通，交通不便。

② 矿体特征

矿体主要赋存下元古界大理岩中，围岩为蛇纹石化大理岩。地势较陡，大部分地段矿体出露好，受风化作用，岩石表面较破碎。矿体沿走向变化不大，总体为北西向，倾向南西，倾角在60°~70°。共圈出蛇纹石玉石矿体2条，分别为1、2号矿体。

1号矿体：品质为祁连彩玉五等级。呈脉状、带状产出，长度375m，厚度0.99m~3.96m，矿体产于蛇纹石化大理岩中，与围岩产状基本一致，具碳酸岩化、透闪石化、透辉石化。经钻探验证深部见矿情况较好，控制矿体斜深162m~190m，厚度1m~3.96m。

2号矿体：矿体为蛇纹石玉，呈脉状、带状产出，长度为700m，厚度为0.83m~6.56m，产于蛇纹石化大理岩中，与围岩产状基本一致，具强碳酸岩化、透闪石化。钻探工程控制矿体斜深171m~183m，厚度1.48m~6.56m。

③ 玉石品质

a.矿物成分：主要为蛇纹石、透闪石、透辉石、方解石等。蛇纹石含量在60%~95%，一般为淡黄绿色至深绿色，以灰绿色居多，定向—半定向排列，粒径多在0.1mm以下，具纤维交织结构，叶片状、纤维状集合体，块状构造。透闪石一般呈深绿色，含量在3%~15%，呈纤维状集合体，杂乱无定向排列，粒径一般在0.20~0.30mm，透闪石含量增多能提高玉石硬度，是玉石中的有益矿物成分；透辉石含量一般小于3%，纤维状、柱状集合体，杂乱无定向分布；方解石多呈粒状，含量在5%~25%，集合体呈斑块状、棉絮状分

布于玉石中，影响玉石美观，成为玉石中主要杂质。玉石中金属矿物主要为磁铁矿，具半自形晶粒状结构，星点状构造，半自形晶粒状，灰棕色，均质体，粒径在 0.04mm 以下，具强磁性，含量较少，均少于5%，零星分布于矿石之中。

b. 玉石结构构造：主要有交代残留结构、显微鳞片变晶结构、不均匀粒状—纤状变晶结构，其中蛇纹石玉石以显微鳞片变晶结构为主，主要有块状构造、条纹条带状构造、团块状构造，蛇纹石玉石矿以块状构造为主。

蛇纹石玉石矿体的围岩为蛇纹石化大理岩，颜色为青白色至黄绿色，主要由方解石、蛇纹石等组成，具叶片状粒状变晶结构，块状构造。其中方解石含量为70%~95%，蛇纹石含量为5%~25%，方解石为粒状集合体，颗粒在0.10~0.20mm，相互紧密镶嵌分布，蛇纹石呈叶片状、纤维状集合体，0.1mm以下，集合体呈斑点状、团块状或条带状分布在方解石中，形成美丽的颜色和花纹。

c. 化学成分：通过化学全分析及光谱定量分析，矿石的主要化学成分均为 CaO、MgO、SiO_2、Al_2O_3 等。微量元素主要有 Ba、Co、Ni、Cr、Cu、Mn 等，对人体有害 Pb 含量低于 20×10^{-6}，As 低于 24×10^{-6}，Sn 低于 5×10^{-6}，含量均较低。

d. 玉石工艺类型：矿区内蛇纹石玉石矿颜色以绿色为主，夹有灰绿色、黄绿色、白色、灰白色等多种颜色，依据甘肃省地方标准《祁连玉质量等级评定》（DB62／T2346—2013），均为祁连彩玉色，故将矿区内蛇纹石玉石统一划分为祁连彩玉。

e. 物理性质

颜色及花纹：蛇纹石玉石以绿色为主，一般为灰绿色至黄绿色，夹有白色以及灰白色等多种颜色。蛇纹石玉石花纹较少，一般为方解石呈细脉网脉状成杂状嵌于矿石中。

光泽度：光泽度最高可达108°，一般为100°左右。见图2–32、2–33、2–34。

透明度：总体为微透明—半透明。质地细腻者为半透明，蛇纹石含量高者透明度较高。

密度：蛇纹石玉石矿与围岩密度接近，密度变化范围多集中在2.65~2.69g/cm³，蛇纹石玉及围岩平均密度2.68g/cm³。蛇纹石玉石平均密度2.69g/cm³。

硬度：蛇纹石玉矿石的摩氏硬度值介于3.5~4.5之间，均不超过5.0。通常质地致密细腻，透闪石含量高者，硬度稍高。而质地较粗，含方解石较多者硬度偏低，一般为3.5~4.0。

吸水率及抗风化性能：蛇纹石玉石矿吸水率在0.74%~0.76%，围岩吸水率最小为0.65%，最大为0.75%。矿体和围岩吸水率均略有偏高，抗风化性能一般。

放射性：区内矿石放射性水平为 A 类，矿石中镭当量比活度e_{Ra}^a=124±3Bq.kg^{-1}，属使用范围不受限制的岩石，其外照射指数 Iγ=0.3，对人体无放射性危害。

图2-32　蛇纹石玉透光性

图2-33　蛇纹石玉原石

图2-34　蛇纹石玉工艺品

④评价指标

由于玉石矿的工业指标，国家尚没有统一标准。参考甘肃省地方标准《祁连玉质量等级评定》（DB62 / T2346—2013）主要指标：玉质特征、玉质颜色、祁连彩玉的等级判定，见表2-2、2-3、2-4。

表2-2　玉质特征

等级	要　求
一等	玉质坚韧致密细腻，硬度高，强油脂光泽，玉质透明温润，无断绺和杂质
二等	玉质坚韧致密细腻，硬度较高，弱油脂光泽，玉质亚透明温润，无断绺和杂质
三等	玉质坚韧致密，有一定硬度，显蜡状光泽，玉质半透明，无断绺，无杂质
四等	玉质较坚韧致密，有一定硬度，显玻璃光泽，玉质微透明，有少量杂质
五等	玉质较坚韧致密，有一定硬度，显玻璃光泽，玉质不透明，有较多杂质

表2-3　玉质颜色

分级	颜色
特级	祁连红玉色
一级	祁连碧玉色
二级	祁连白玉色
三级	祁连黄玉色
四级	祁连青玉色
五级	蛇纹石玉石色
六级	祁连墨玉色

表2-4　祁连彩玉的等级判定

等级	判定
一等级	玉质坚韧致密细腻，硬度高，强油脂光泽，玉质透明温润，无断绺和杂质，玉呈现三种以上的颜色，色彩美观
二等级	玉质坚韧致密细腻，硬度较高，弱油脂光泽，玉质亚透明温润，无断绺和杂质，玉呈现三种以上的颜色，色彩具有美感

续表

等级	判定
三等级	玉质坚韧致密，有一定硬度，显蜡状光泽，玉质半透明，无断绺和杂质，玉呈现三种以上的颜色，色彩丰富
四等级	玉质较坚韧致密，有一定硬度，显玻璃光泽，玉质微透明，有少量杂质，玉呈现三种以上的颜色，色彩丰富
五等级	玉质较坚韧致密，有一定硬度，显玻璃光泽，玉质不透明，有较多杂质，玉呈现三种以上的颜色，色彩丰富

⑤资源量估算

勘查区内共求得蛇纹石玉石矿总资源量73.89万吨，其中控制资源量3.22万吨，推断资源量70.67万吨。

张掖玉石开发规模远超酒泉。政府依托祁连山丰富的玉石资源建起了总规划面积3000亩的祁连玉文化产业园——玉水苑，一个集玉石产业、文化产业、旅游产业于一体的综合项目。可随着祁连山自然保护区内禁止开采矿产资源环保政策的强力实施，保护区内矿山已全部关闭，玉矿的规模开发已受影响，张掖玉石市场门前冷落，院内游客稀少，玉石生意难以为继。

2. 祁连玉品种

（1）按产出状态分类

祁连玉按产出状态来分主要有两类：山料和籽料。现酒泉产玉主要以洪水河坝石民拣的籽料为主，张掖市肃南前几年山料与籽料二者均有，以山料为主，但因玉矿在祁连山国家自然保护区内原矿开采已全部关闭，现加工的为积存的山料。山料块度大小不一，棱角分明，表面新鲜，无壳皮，呈块状，质量好坏不一。籽料分布于酒泉洪水河及肃南老君庙、玉石沟河床及两侧，属漂砾型玉，裸露于地表或浅埋于地下，块度小，磨圆度好，呈卵形，表面光滑，有白色钙化或金丝状蛇纹石化、褐铁矿化皮壳，质地好，裂隙少。

（2）按矿床成因、矿物组成及颜色分类

甘肃祁连玉成因类型主要有两种：

①超基性岩、基性岩自变质型：由超基性岩、基性岩晚期自变质作用形成蛇纹石矿体，绿色、深绿色，即多数人狭义所指的祁连玉。

②热液蚀变型：为酸性、中酸性岩浆岩产生的富含二氧化硅热液，作用

于前寒武纪富镁碳酸盐岩，蚀变形成蛇纹石玉矿。

（3）按玉质类型分类

① 墨玉

属超基性岩、基性岩自变质型。未加工玉石色浓如墨，加工成酒杯极薄玉中可见黑色矿物分布，呈星点状、片状，深浅不一，以纯黑者为佳。全黑者黑如纯漆，表皮略泛绿，不透光或微透光。质地好，大件适宜加工成办公楼前玉牛及室内小摆件，小件可制作酒杯等小工艺品。墨玉籽料中，有一种风化蚀变较好的金丝墨玉（图2-35），其表颜色纹路如深秋经霜洒金胡杨叶，与墨绿色玉相间，金丝深入石肌，做成观赏石档次高雅，属观赏石中上品。金色矿物为金云母及黄色蛇纹石，与暗色矿物角闪石辉石呈星点状、条带状排列。显微镜下观察蛇纹石中又分布有网脉状条纹，矿物成分有少量方解石、赤铁矿、磁铁矿等。据电子探针分析，祁连玉与理论上的蛇纹石矿物成分对比，贫硅镁，富铁铝铬。1984年，经地矿部玉石研究室试雕后命名为蛇纹石玉，与岫岩玉相同，但玉色极易与岫岩玉相区别。

图2-35 酒泉墨玉标本及工艺品

② 翠绿玉

色翠绿如青菜,质细腻,玉质感强,亮丽,硬度好光泽佳,是较好的玉器材料(图2-36),为含硅质蛇纹玉。

图2-36 翠绿玉标本

③浅黄绿色玉

该类玉自阿克塞哈萨克族自治县向东至肃南均有产出，质细腻，结构致密，纤维交织结构，致密块状构造，蜡状光泽，裂隙杂质少，色纯，工艺加工价值大（图2-37）。天津矿业大会陕西也展出该类玉，用该类玉雕琢的宫殿、名山等，观者众多。

图2-37　浅黄玉标本

图2-38　米黄色玉籽料

④米黄色玉

产自酒泉南山，质地细腻，结构致密，半透明，纤维交织结构，致密块状构造，蜡状光泽到玻璃光泽，色纯，裂隙少（图2-38）。

⑤淡绿色玉

热液蚀变型。色较纯，白色中隐约有淡淡的绿色，如雪覆麦田，多有一种朦胧的意境。玉质致密细腻（图2-39）。矿物主要成分为方解石、蛇纹石，另含少量赤铁矿、磁铁矿，遇稀盐酸冒泡。

图2-39 淡绿色玉标本及工艺品

⑥青绿色玉

青绿色蛇纹石中穿插有白色方解石细纹，构成如树枝、戈壁冲沟等丰富图案（图2-40）。玉石表面光滑圆润，结构致密。

图2-40 青绿色玉籽料

⑦灰绿色玉

蜡状光泽，从粒状结构向微细粒结构过渡变化，有少量磁铁矿、赤铁矿，遇稀盐酸起泡（图2-41）。

图2-41 灰绿色玉籽料

⑧淡黄绿色玉

流纹状构造，淡黄绿色条纹为重结晶的蛇纹石，蛇纹石脉中含磁铁矿、赤铁矿及锰矿物，致使颜色加深，局部呈斑块状、云雾状，内部可见平行的条纹蜿蜒流动如蛇走田间，属典型的蛇纹岩（见图2-42）。

图2-42 淡黄绿色祁连玉籽料

⑨浅绿色条纹状玉

结构奇妙似竹节挺立，绿色蛇纹石与白色方解石呈条纹状，产出有如青山含黛，属半石半玉质，多用于加工观赏石（图2-43），类同山东临朐彩石，含少量赤铁矿、磁铁矿、褐铁矿及锰矿物。

图2-43　浅绿色条纹状玉籽料

3. 开发历史

祁连玉的开发利用历史长远。史料记载，武威皇娘娘台遗址出土的新石器时代齐家文化精美玉璧为祁连玉制成。两千多年前成书的《山海经》《尚书·禹贡》等古籍，将祁连彩玉、墨玉的人文背景、开发历史载入史册。《十洲记》记载，周穆王时夜光杯是白玉之精，光明夜照。西汉东方朔《海内十洲记》载，西周（约公元前1066年—前771年），国王姬满应西王母之邀赴瑶池盛会，席间，西王母馈赠姬满一只碧光粼粼的酒杯，名曰"夜光常满杯"。姬满如获至宝，爱不释手，从此夜光杯名扬千古。夜光杯造型别致，风格独特，质地光洁，一触欲滴，宛如翡翠，倒入美酒，酒色晶莹澄碧。皓月映射，清澈的玉液透过薄如蛋壳的杯壁熠熠发光。到了唐代，夜光杯更是闻名遐迩，唐人王翰诗云，"葡萄美酒夜光杯"，诗以杯名世，杯因诗增辉。

笔者参观过甘肃的一些博物馆后发现：甘肃齐家文化中的一些古老玉器，其玉质不是透闪石质和田玉，而多是就地取材的蛇纹石质玉。即便透闪石质玉仅出现在武威皇娘娘台遗址及以西的地区，在黄河以南未发现。可以想象，在距今3700—4200年的远古时期，先民在风雨之中要长途跋涉如从新疆和田搬运玉石何其艰难，要渡过黄河更是不可想象。商之前运玉路线是从新疆至玉门，经武威、民勤、宁夏，最后至中原，西部在黄河北行进。十数年前人们认为仅新疆和田地区出产和田玉矿，近年来随着和田玉价格攀升，交通条件改善，国内辽宁、四川、江苏、青海、贵州、河北、湖南、江西等地陆续

发现了和田玉矿。

4.质量评价

祁连玉古色古香，璞玉浑金，属玉中佳品，深受赏石爱好者的青睐。根据宝玉石规范，评价主要依据蛇纹石质地、颜色、块度、透明度等方面。绿至深绿色、高透明度、无瑕疵、无裂隙者为上品。其余不同颜色、中等透明度、无瑕疵、无裂隙者为中品。据此可分为特级、一级、二级、等外四级。

祁连玉有"四美"：

① 玉质美。结构致密、质地细腻，硬度相对较高，雕琢的玉器细腻、滋润，光泽度好，有较高的工艺欣赏和经济价值。

② 色调美。色彩绚丽，以绿为基调，有浅绿、翠绿、墨绿等。墨玉中有金云母结晶，金星闪烁，厚重中兼有变幻之美。玉石表面或石缝有丝状、条纹状绿色、白色纹式，如雪峰云谷，空山烟霞，石上竹林。

③ 纹路美。祁连彩玉纹理变幻无穷，色彩交融，构成精美图案意境，再现地质作用之神奇，纷呈大千世界之灵韵，令人叹为观止。

④ 造型美。造型独特，形态万千，体量从几十克到几吨乃至数百吨重，更多为籽料，有的小巧玲珑、晶莹剔透，有的浑厚大气、敦实稳重。

祁连玉赋存在海拔4000m的雪线，受亿万年冰雪浸润，玉质致密，如女娲补天西天遗石，又经风蚀日剥，如汉唐金戈铁石尽显古朴苍茫。祁连玉储量丰富规模化开发前景广阔。玉质深沉静谧，采集后略加修饰即可供观赏。大者数十吨，特别适合陈列于单位办公楼、公园；中者仅数十公斤，可雕刻成酒具、茶具，或削磨后摆放在展览馆、宾馆、饭店、会客厅等公共场合。

（二）肃南裕固族自治县羊露河玉

1.产出位置

在肃南裕固族自治县去往青海祁连县公路上行约40km，右侧过自然保护区管护站，再往山路上行约1小时到矿区。矿区在海拔4000m以上，山顶有终年积雪，天蓝云白，溪流清洌。矿山因在自然保护区内，已在多年前停止开采生产。在山底下有多处过去采下的玉矿堆在沟口，玉质均为蛇纹石玉，颜色有青色、黄色、淡青色。

2. 玉质

(1) 黄玉

玉质细润,长伴青色玉产出,黄绿色,油脂光泽,微透明,绿色在玉石中多呈细脉状,少量呈斑块状,块度不大,硬度略大于一般的蛇纹玉,估计其中含有一定量的透闪石。显微镜下观察,含有赤铁矿、磁铁矿及方解石等,玉质应属蛇纹石玉(图2-44),价格高昂。

图2-44　羊露河黄玉籽料

(2) 岫玉

玉质细腻,油脂光泽,微透明,属典型的岫玉,密度为 2.57 g/cm³。玉中夹杂有白色的方解石小网脉或沿断裂面薄层,滴盐酸有气泡。显微镜下观察,玉质纯净,杂质很少,好料具有较好的工艺价值。在县城边有一储玉场地,场地上堆着数百块玉石大料。

在矿区也可见少量玉质细腻、几乎近隐晶质、白中泛青的玉石,肉眼看应含一定量的透闪石成分,玉质较好,但滴盐酸起泡,说明玉化不是很彻底。表皮有断裂擦痕,且有两组共轭剪节理对玉有一定破坏,属基性岩、超基性岩与大理岩接触的玉石,或许在成矿条件适宜的地段有品质好的和田玉赋存(图2-45)。

图2-45　祁连山高档岫玉标本

总体感觉精品黄玉、青玉量小珍贵，小心锯采可加工为首饰挂件类物品。

（3）淡青玉

颜色呈淡青色，深浅略有变化，蜡状光泽，不透明，滴稀盐酸起泡，小刀可刻动，硬度不大，属蛇纹石化大理岩蓝田玉类型。打磨抛光后光泽鲜艳，色彩丰富，是做观赏石的上品（图2-46、2-47）。

图2-46　淡青玉籽料

图 2-47　蛇纹石玉工艺品

　　在去往矿山的路上，见一糖色玉矿，肃南裕固族自治县曾开采过，但开采断面不大。从开采现场看，玉质断裂较多，大块料较少，小块中也可见两组平行的剪节理。后转至另一沟去看一铜矿点，又见类似的玉石矿，玉质类同，但块度较大，未曾开采，也没有开展过地质工作。玉石被后期的淡绿色、淡黄色、红色玉髓沿裂隙充填，石料加工为观赏石，图案精美，层次丰富，也是观赏石的上品（图2-48、2-49）。

图2-48　肃南蛇纹玉标本及工艺品

紧邻该玉石点有大片玉髓矿脉充填，边部有银色云母片岩，云母含量很高，经河水冲过的片石似银盘富贵华美。

笔者也幸运地在溪流中捡拾到一块一面是红玉髓一面是蛇纹玉的高档玉石，将之命名为富贵双全。

图2-49　肃南蛇纹玉及工艺品

（三）武山县鸳鸯玉

1. 分布范围

鸳鸯玉分布在武山县城西渭河以北的盘龙山，主要产于武山县山丹乡邱家峡矿、庙儿湾一带。因最早发现于鸳鸯乡邱家峡北山，故名鸳鸯玉。

2. 地质特征

鸳鸯玉形成于距今2.5亿年前的二叠纪，属秦岭早古生代商丹蛇绿杂岩带的西延部分。甘肃省地矿局地质一队1984—1986年对该矿开展地质勘查工作，查明矿带分布在鸳鸯邱家峡至城北何家沟，长约14km，宽500~2000m（东段150~300m、中段1000~1500m、西段1500~2000m），厚1000~3000m。

岩性主要为蛇纹岩。呈构造岩片、岩珠状产出，共有大小岩体25个，面积18km^2。鸳鸯玉由超基性岩中的橄榄石或辉石受岩浆期后热液叠加蚀变形成。

矿石有块状、条纹状、花斑状三种类型。

① 块状蛇纹岩：平均宽82m，灰绿和黑绿底色中，不均匀分布有少量浅

绿色斑点。

②条纹状蛇纹岩：平均宽26.5m，由各种绿色组成不同色调的相间条纹。

③花斑状蛇纹岩：规模小且夹于块状岩石中，分布有不同绿色的斑点或斑纹。

矿物成分主要是蛇纹石，其次为碳酸盐、滑石、磁铁矿及铬尖晶石等。化学成分 MgO 占 36.94%、SiO_2 占 40.00%、Fe_2O_3 占 8.16%、CaO 占 0.18%，属低钙富镁铁岩的热液蚀变产物。

3. 玉质

呈粒状变晶结构，密度为 $2.66g/cm^3$，折射率为 1.56，硬度为 4.5。玉质光洁晶莹，呈墨绿、络绿、翠绿、橄榄绿、荧光淡绿等多种颜色，暗映天然纹理，恰似龙蛇舞动，云霓缭绕。可琢性强，是玉雕工艺理想材料。鸳鸯玉又名蛇纹石玉，结构细密，质地细腻坚韧，抗压、抗折、抗风化性好，可琢性强，光泽晶莹，是玉雕工艺品、高级装饰贴画、高档家具配套镶嵌和高级饰面的理想材料（图2-50）。

图2-50   鸳鸯玉工艺品

4. 开发现状

鸳鸯玉雕，历史悠久。齐家文化时期就有先民用鸳鸯玉做各种器具，如武山县博物馆的玉琮、静宁县博物馆的玉钺（国家一级文物）、陇西县博物馆的玉璧、定西市博物馆的玉璜。甘谷毛家坪秦早期文化遗址玉玦，材质也是鸳鸯玉。民国时期，当地人采拾露出地面的光泽形状皆美的玉，手工磨制玩器、雕刻印章，但未大量开发。

规模开发利用始于20世纪80年代。从社队企业起步到千家万户生产。武山鸳鸯玉雕产品主要有酒具、茶具、娱乐摆件、健身器具及建筑装饰、大型雕件等60大类180多个品种，其中以夜光杯、龙凤杯、竹节杯、玉奔马、玉船、文房四宝、花瓶、熏炉等最为驰名，县内鸳鸯玉加工已形成产业规模，有一批以瑰宝通汇、莹豪玉器为代表的现代大型玉雕研发企业。此外，还有个体玉雕专业户2000多户，玉器从业人员两万余人，每年生产各种玉雕工艺品上百万件，年产值突破一亿元。鸳鸯玉雕精巧美观，驰名海内外，产品远销北京、上海、杭州、广州等20多个省市，部分产品打入国际市场。1983年国家领导人把鸳鸯玉雕双龙杯作为国礼赠送给尼泊尔国王比兰德·拉和王后。

随着环境保护力度加大，处在祁连山自然保护区的玉石原矿开采已关闭停采。祁连夜光杯实多出自武山鸳鸯镇，此所谓，酒泉城里无酒泉，鸳鸯故里无鸳鸯。夜光杯料选玉中上品，工匠须业内精英，切之嘈嘈，琢磨谨慎，抛光轻灵，经百千道工序方成精品。夏夜对月把酒言欢，风过蛙鸣，赋诗作兴，"葡萄美酒夜光杯，欲饮琵琶马上催"，文人雅韵尽显，壮士豪情亦表，玉华生辉，形神至尊。

玉石开采艰苦异常。鸳鸯玉蕴藏于石山之间，厚仅数十米，很难开采，既不能放炮，又不能重锤敲击。采玉人须携带锤凿巨索翻山越岭。采出的石料要经过精选，只要有一点裂隙就不能使用，山上的石料都要由采玉人背负回来，步步艰辛。鸳鸯玉的雕件工艺复杂，要经过选料、钻棒、切削、掏膛、冲碾、细磨、抛光、烫蜡等20道工序。产品的光度、亮度、形态、精细程度随着工艺水平的提高在不断进步。武山县山丹乡车川村是加工玉器的有名村子，农闲时节村民都忙碌着作坊式分散加工玉器。真是人人都知玉石好，却有谁知玉人苦。

（四）永昌县玉石山蛇纹石玉

永昌蛇纹石玉石矿位于河西堡镇西玉石山铁矿区边部。矿体赋存于中元古界蓟县系地层，为一套浅变质的变砂岩、砂粒状石英岩、硅质条带灰岩、白云岩、千枚岩、板岩组合。白云岩与花岗岩接触带产玉石。玉质较纯，细腻，绿如菠菜，杂质较少，具有较高的工艺加工价值（图2-51）。硬度较低，小刀可刻动，滴稀盐酸冒泡。

图2-51　永昌县玉石山蛇纹石玉标本及工艺品

（五）清水县庞公玉石

1. 分布范围

清水县庞公玉矿主要分布在清水县小泉峡一带小华山山脚下一两千米处的牛头河河床下，因天水—平凉铁路经过矿区压覆矿产，矿山已关闭。

2. 地质特征

矿石产于小华山一带的辉绿岩中，形成于距今4亿多年前的早奥陶世，辉绿岩呈岩墙状顺层侵入同时代红土堡变质基性火山岩层中。

辉绿岩是成分相当于辉长岩的基性浅成岩。主要由辉石和基性长石组成，含少量橄榄石、黑云母、石英、磷灰石、磁铁矿、钛铁矿等。基性斜长石常蚀变为钠长石、黝帘石、绿帘石和高岭石，辉石常蚀变为绿泥石、角闪石和碳酸盐类矿物。因绿泥石的颜色矿石整体常呈灰绿色。显晶质、细—中粒、暗灰—灰黑色，常具辉绿结构或次辉绿结构。辉绿结构指辉石的平均粒径大于斜长石平均长度，呈现一颗辉石包裹许多斜长石的现象。

辉绿岩跟辉长岩成分差不多，但它形成得比较浅，不像辉长岩那样深，所以粒度较小，又不像玄武岩那样喷出地表而以隐晶璃质为主。一般认为，辉绿岩为深源玄武质岩浆向地壳浅部侵入结晶形成，常呈岩脉、岩墙、岩床或充填于玄武岩火山口中，呈岩株状产出。

3. 玉质评价

庞公玉有三奇：石质奇、纹理奇、色彩奇。

（1）石质奇

国内以基性岩及蚀变蛇纹岩作为观赏石的多见，但以辉绿岩为观赏石的仅此一处。辉绿岩受亿万年河水冲击浸透，表面自然光滑，质地细密，坚而不脆。石表常有阴刻阳凿，凹凸分明，酷似浮雕，艺术魅力无限（图2-52）。

图2-52 庞公玉工艺品

（2）纹理奇

庞公玉石天然妙成，纹理细腻滑润，色泽墨绿，石质因绿泥石化而光莹油润，如表皮上了一层釉一般，间有红、黄、白、黑等绚丽多彩的自然纹理，纹理形状千奇百怪，构成古今人物、珍禽异兽、花草树木、行云飞瀑、江河山泽等形态。明清时期，庞公石曾被征为御用贡品陈设于皇家园林。石表有

斑痕状突起，打磨后的庞公玉，形态各异的翠纹萦绕石间，犹如行云流水，变化万千；恰似高山瀑布，喧哗作响；又如月光水色，朦胧幽深。千岩竞秀，万壑争流，让人浮想联翩，心驰神往，拓展了无穷无尽的想象力。人们巧妙地利用石料的色泽、形状，使一块块石头活变成奇峰峻岭，深涧飞瀑，光泽四射，或变幻成形态各异的动物，惟妙惟肖，质朴动人。

（3）色彩奇

以绿色为基调，颜色深浅有变，色彩斑斓溢翠，饱含诗意，气韵生动，可加工成多种抽象的造型。或神话人物之形，或飞禽走兽之态，或奇峰秀峦之状，或案头清供小品，千姿百态，配以基座，臻至完美，令收藏者爱不释手。

4. 开发现状

近年来，清水县加工生产庞公石的企业与个体手艺人众多，且各具特色。清水县万紫石材有限公司以其优越的条件与实力，集开采、加工于一体。它们生产的70多个品种，远销北京、广州、青海、宁夏和甘肃各地，取得了良好的经济效益。1999年，一块高2.5m，通体温翠，纹理斑斓，形似"虎啸鹿鸣"之状的巨型庞公石盆景，被毛泽东的母校长沙一中以高价收藏，此举在湘引起极大反响，许多收藏家专赴清水收藏庞公石。之后，一个装有70件庞公石工艺珍品的5t集装箱发往长沙。这个巨型庞公石盆景的创作者是清水县一个普通的邮政职工。他历经十余载，苦心孤诣钻研庞公玉加工技艺，尤注重巨型精品的创作，终于形成了雄浑、深沉、高雅的个人风格，受到行家的好评。中央电视台在《祖国各地》栏目中播出"中国一绝——清水庞公玉"后，许多海外侨胞飞鸿传书，以重金竞相收藏庞公玉，成为一时美谈。

（六）通渭县丁家河碧玉

主要分布于通渭县碧玉镇丁家河社、牛洛社丁家河村。

丁家河一带出露地层为中元古代葫芦河群白云质大理岩，其东部有石炭纪花岗岩，北部有二叠纪花岗岩，地表被黄土覆盖。该碧玉矿点，玉石产于花岗岩与镁质大理岩的接触带，经接触交代形成蛇纹石玉（图2-53），密度为2.51g/cm^3，属蓝田玉类型。另有一种由基性岩蚀变的绿色蛇纹岩，被当地人命名为丁家石，当地一丁姓人采出略带绿色的石英质碧玉和略带褐色的矽卡岩，加工为手链、烟嘴，十分精美。

图2-53 通渭县丁家河玉化大理石及蛇纹玉

（七）肃南裕固族自治县祁连绿泥石玉

产于肃南裕固族自治县通往青海祁连县的河谷中，距肃南裕固族自治县城15km。依其形命名为绿泥石，但其原岩为玄武岩，带绿色，质地细腻，表面经水打浪蚀较为光滑，硬度较高，质地坚韧，其形如绿色茶园一般，给人以素雅淡静的感觉。

祁连山广泛分布的玄武岩，多为黑色、墨绿色或鲜绿色，是火山喷发后凝固在地球表面的岩石，经后期蚀变形成了深浅不一的暗绿或鲜绿等亮丽色彩（图2-54）。绿泥石玉有的石表斑痕突起，状如青蛙、蟾蜍的外皮，有的地方如长江流域产出的也叫青蛙绿。鲜绿色脉体与暗色角砾形成各色图纹。石头表面光滑，颜色深浅变化，有草绿、青绿、墨绿等，构成似有形又无具体形状的娟秀的画面石，石肌阴刻阳凿，凸凹分明，酷似浮雕，天刻水磨，艺术魅力无穷。

图2-54 肃南裕固族自治县祁连绿泥石玉标本

彩玉石产于祁连山溪流中，石质属硅质岩、凝灰质岩类，石质细润，打磨抛光后表面光滑，颜色鲜亮。两组白色的细脉沿两组剪节理贯入，大脉体1~2cm，如云绕山峦，小细脉如岩羊攀山踩出的路径，丰富了石上画面（图2-55）。

图2-55 肃南裕固族自治县祁连山之彩玉石

三、显晶质石英岩玉

（一）瓜州玉石山敦煌玉

敦煌玉主要分布于瓜州县的甜水井到敦煌一带，主要产在柳园玉石山周围20km。瓜州玉石敦煌玉产于瓜州县玉石山南一带的青白口系大豁落山组，是区域变质作用与热液接触变质作用叠加的产物。敦煌玉属于石英岩玉，是由粒状石英集合体组成。硬度为7，折射率约1.54，玻璃光泽。一般为白色，部分呈现绿、翠绿、蓝绿、蓝紫、淡紫等颜色。质地精致细腻，颜色美观，硬度较高，亮度、光泽佳，抛光性能好，并有一定的透明度，是玉中佳品。

石英岩在自然界分布广泛，北京有京白玉，河南有密玉，贵州有贵翠。其评价主要从质地、颜色、透明度、杂质、裂纹等方面进行。玉质细腻，致密均匀，颜色鲜艳均匀，且有一定透明度，砂眼杂质裂纹少者为佳。其中以翠绿色品种为最佳，颜色纯正的紫色及质地细腻的白色也是上品。瓜州一带目前发现的敦煌石英岩玉从颜色上可分为以下几种：

（1）京白玉

白色，致密块状，石质细腻，显微镜下观赏玉石由微细粒石英组成，粒状结构，微透明—半透明，纯净少杂质，裂纹少，属白玉中的上品。目前广东客商开采后，粒较粗者加工为寺院佛像，质细润者如冰、近于隐晶质的仿白玉或染成绿色仿翡翠。新疆也有类似玉石在敦煌、酒泉市销售。在甘肃临夏回族自治州也有产出，但未形成规模（图2-56）。

图2-56 瓜州县京白玉籽料

（2）紫玉

淡紫色，致密块状，石块断面上可见隐约的条纹，粒状变晶结构，局部呈隐晶质结构，石质细密，黄中透红如人的肌肤一般。显微镜下观察，矿物除石英外，含少量赤铁矿、磁铁矿、锰矿物，另可见蓝铜矿、斑铜矿。该类玉石质地、颜色较好，较致密。致色元素由铁引起（图2-57）。

图2-57　紫玉籽料

（3）黄龙玉

淡黄褐色，质细密，粒状变晶结构，块状构造。石中含少量赤铁矿，另见有黑色矿物及极少蓝色矿物（图2-58）。

图2-58　黄龙玉籽料

（4）东陵玉

又称印度玉，翠绿色，粒状到隐晶质结构，致密块状。致色元素主要为铬，含 Cr 1%~2%，其次含少量的钒，在滤色镜下呈红色。类同于内蒙古佘太翠。因未到矿床现场，对其成因到底是沉积变质的还是叠加有热液改造因素无法判断。笔者收藏的是敦煌所产东陵玉（图2-59）。

图2-59 敦煌东陵玉籽料

阿克塞哈萨克族自治县与敦煌一带的石英岩处于同一层位，二者的区别是，敦煌一带的石英颗粒较细，而阿克塞哈萨克族自治县的粒度较粗，粒状到隐晶质结构，致密块状。致色元素主要为铬，含量在1%~2%，其次含少量的钒，在滤色镜下呈红色。其成因与沉积变质叠加热液改造有关（图2-60）。

图2-60 阿克塞哈萨克族自治县东陵玉籽料

2007年，金同睿源公司对敦煌附近的一座石材矿勘探时，发现一种洁白通透的高品质石英岩，经地质部门鉴定为高品质石英岩玉。该玉洁白通透，硬度达到7以上，密度为 $2.6g/cm^3$，折光率为1.54，是仅次于和田玉、昆仑玉的一种白玉。"敦煌玉"有较为乐观的市场前景，因对玉料的纯净和洁白度要求较高，目前寺院、道观内的玉石雕像原料往往是从缅甸等地进口的，而"敦煌玉"完全可用于这些雕像的制作。此外，由于通透度高，"敦煌玉"还可制成物美价廉的装饰品。"敦煌玉"分布在 $5.7km^2$ 的矿山中，预计可利用矿石将达 10 000 000 万 m^3。

（二）祁连山鸡血玉

祁连山鸡血玉，当地人也称祁连山红碧玉，其色调均匀，不易变色，耐磨损，光泽强，质地坚韧，呈典型的中国红色，为国人所钟爱，是红色玉石中的上品。

1. 资源分布

祁连鸡血玉分布在西自嘉峪关镜铁山，到中部的肃南裕固族自治县石居里铜矿，再向东至长干峡铜矿数百千米群山及河谷之中。笔者近年来多次参加祁连山矿山环境修复整治及地质项目检查工作，一年数次穿行在祁连山崇山峻岭、河谷溪流，并与一批多年在祁连山区从事地质调查工作的地质人员及矿管站人员有联系，对鸡血玉的原生产地，沟谷中砾石的分布进行了广泛深入考证。

2. 玉质特征

祁连鸡血玉原岩为沿断裂及古火山机构贯入的经结晶分异作用而形成的红玉髓，多不透明，色偏深。摩氏硬度在7左右，密度为 $2.47 \sim 2.74g/cm^3$。矿物中含铁，微量铜、铬、锰等，蜡状光泽、金属光泽。红碧玉从颜色上可初步分为2种：

① 颜色艳丽，其间有数组白色、灰色玉髓小细脉沿剪节理充填。经千万年风化作用及河流搬运碰撞，给人以生命不老岁月沧桑的感觉。显微镜下观察，类似于甘南红的蜡状玛瑙，为隐晶质结构。

② 微细粒状结构，颜色深红（图2-61、2-62）。

图2-61 祁连鸡血玉标本

2-62 祁连鸡血石工艺品

3.质量评价

祁连山鸡血玉极具观赏价值,与一般红碧玉相比,有如下特色:

① 质地优良。祁连山鸡血玉质地细腻,韧性强,4亿多年来深藏祁连山脉,历经多期次地质运动和地壳变化,日月临照,风雨润泽,抗风化、无蚀变、耐磨损、不变色,始终呈现出细腻致密、华美温润的特点,把玩和欣赏价值高。

② 色泽纯红,寓意吉祥。鸡血玉颜色鲜艳夺目,光艳照人,红色主要来自Fe^{3+},色泽纯正,色如鸡血然质地胜之,永不易色。红色是我国传统吉祥色,忠义刚强,庄重沉稳,寓意着吉祥平安,是生命、活力、欢乐的象征。

③ 纹理精美。玉在红色主基调衬托下,其间不时隐现如丝如缕的微微金

线，点点雪白起伏于大片血红间，千变万化，美丽大方，具有极强的视觉冲击力，是不可多得的艺术品。案头清供见红见吉，家宅摆放可聚财辟邪。

④ 硬度大，工艺价值高。传统鸡血石质软，易刻易雕，但也易损。祁连山鸡血玉硬度高，其硬度已接近红宝石，玉如宝石，质地细腻，反光强，亮度高，无论大件重器雕刻，还是首饰、印章、把件等小件均可产生精美藏品。

4. 品质鉴评

鸡血玉的品质重在颜色和质地。

（1）颜色：鸡血玉鉴评色彩标准，最高要求纯净无瑕，艳丽夺目；次者夹有少量脏、污、邪色；差者多脏、污、邪色。

（2）质地：质地需参考类似石英质玉石质地定级标准，以玉质细密坚韧为上，抛光后不上油呈玻璃光泽或油脂光泽、蜡质光泽，凝润感好，无沙眼、裂纹为上，次者中夹有散点石英、沙眼、裂纹。

5. 地质成因

祁连鸡血玉属岩石学中的碧玉岩，主要是由玉髓和石英组成，常含氧化铁、有机质等混入物，故有各种色彩。碧玉岩多为隐晶结构，岩石致密坚硬，具贝壳状断口。多分布于造山带，常与呈巨厚层（数百米以上）的火山岩伴生，称碧玉岩建造。碧玉岩常呈红色、棕色、绿色、玫瑰色等，色美者可做宝石。

碧玉岩常与海底火山喷发有关，是由火山喷发带出的 SiO_2 沉淀而成。如辽宁鞍山地区有元古宙的碧玉铁质岩建造，甘肃西起肃南裕固族自治县东到白银市白银厂铜矿均有火山硅质岩——细碧角斑岩建造。在野外可见鸡血玉呈脉状与火山岩伴生，显示火山喷发的韵律特征。笔者有幸在肃南裕固族自治县石居里铜矿收集到一块珍贵的黄铜矿与鸡血玉共生的标本。在肃南裕固族自治县长干峡、九个泉一带的铜矿中，鸡血玉沿古火山机构呈柱状包裹在铜矿外围，是铜矿的找矿标志。鸡血玉应属玉髓，其形成地质时代为早中奥陶纪世，距今约4.5亿年。致色物质为三价铁，无毒无害，更适宜做首饰把玩品。而传统概念中的碧玉属胶体沉积，属沉积岩性质。

世界上玛瑙、玉髓的形成时代主要为侏罗纪，距今约1.5亿年，为火山活动活跃时期，火山喷发导致气候剧变，恐龙等大量生物灭绝。奥陶纪火山活动剧烈，在形成富铜矿的同时，形成了规模较大的红玉髓，在经受多期次构造运动后，之所以能较完整保存下来，就在于其强大的硬度如钢结构一般支撑在祁连山中。

鸡血石与鸡血玉最大区别就是"血"的部分。鸡血石的"血"是辰砂矿物，即硫化汞（HgS）。含汞86.2%，是炼汞最主要的矿物原料；其晶体可作为激光技术的重要材料，并且还是中药材，具镇静、安神和杀菌等功效。中国古代用它作为炼丹的重要原料。过去以产在辰州（今湖南沅陵等地）的品质最佳而得名。而鸡血玉的"血"是含铁的氧化硅。前者对人体有害，后者对人体无害。桂林鸡血玉看起来不够玲珑剔透，其主要成分是二氧化硅，以黑、红为主，兼有黄、紫、白、绿等多种颜色。最大特色就是一个"红"字，它是一种以鸡血红色为主色调的碧玉岩，故称"鸡血红碧玉"。颜色有鸡血红色、紫红色、浅红色、褐红色、枣红色、棕红色，而且还有不同的底色，如全红带金黄、纯黑、白色作为衬托。色间搭配极佳，稍有吉祥图纹或抽象图像，颜色图纹丰富多彩，更显得鲜艳夺目，光彩照人。中国宝玉石检测中心鉴定，桂林鸡血玉的摩氏硬度为6.5~7，硅质矿物硬度大，质硬而坚韧，性质稳定，不易风化，不易磨损，也不怕酸碱侵蚀，风吹日晒也不变色，玉质滋润细腻，主要是隐晶质结构及显微晶质结构，相对密度为2.7~2.95g/cm^3，该玉系海底火山喷发产物，形成年代距今约10亿年。

6. 文化价值

祁连山古称昆仑山，是我国古代神话传说的源头，蕴藏着丰富的人文历史佳话。《淮南子》记载"共山触不周山，天为之倾巢，女娲采五色石补之"。"五色石"当中的赤石指的就是红碧玉。祁连山鸡血玉精美秀丽，出自神山昆仑，能福人佑人。红色是中国文化的基准颜色，是大众普遍喜爱的祥瑞之色，代表着喜庆与祥和。鸡血玉庄重大气，艳而不媚。玉有五德，君子如玉外润内坚，而鸡血玉是中国玉文化润坚的代表。

7. 收藏价值

祁连山鸡血玉品质好，收藏价值高。我国红色鸡血类玉石主要有两类，第一类为传统鸡血石，鸡血石如今极其稀少。第二类为鸡血玉。鸡血玉现今主要产在两地，一是祁连山，二是桂林，如今存量已极为稀少，已成为玉石界的收藏新贵。

（三）酒泉市红碧石（祁连红）

红碧石砾石多产于嘉峪关、酒泉、张掖市一带河谷中。属祁连山沉积变质型赤铁矿，或者碧玉岩，有的地方也叫赤铁岩，产于中元界朱龙关群桦树沟组，如肃南西柳沟铁矿石切割打磨后可加工为观赏石。目前，低品位赤铁矿选冶成本高，在国际铁矿石价格大幅下滑的形势下，多数矿山关停，今后作为观赏石加工也是一条出路。作为观赏石的赤铁矿，颜色越鲜艳越好，赤铁矿可用于制作各种饰物，如富有民族或现代气息的项链、耳饰等（图2-63、2-64）。

图2-63　祁连山红碧石籽

图2-64　加工的祁连山红碧石

四、其他玉石

1.祁连山羊肝石

产自在肃南裕固族自治县通往青海祁连山公路约15km的河道中，色呈紫红色，石质细腻，裂隙少，蜡状光泽到油脂光泽，含铁2.50%，微细粒状结构，近隐晶质结构，块状构造。该产品是加工砚台的极好材料。此类石头是肃南裕固族自治县九个泉铜矿外围的碧玉岩（图2-65）。

图2-65 祁连山羊肝石标本

2. 礼县黄蜡石

礼县黄蜡石，也叫黄龙玉，分布在礼县县城到罗坝的燕子河中，石质细腻，较坚硬，色彩金黄，或黄中透红（图2-66）。分布于石炭纪地层，其西部大规模出露花岗岩体。

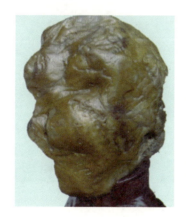

图2-66 礼县黄蜡石工艺品

产量有限。其石质细腻、较坚硬，色彩金黄，或黄中透红，体量大多不大，为独本，少造型。表面呈现出玻璃、蜡状、油脂等光泽，有黄蜡石（含锰成分）、红蜡石（含氧化铁成分），以色调金黄色、亮黄、雪白为佳，红色、紫色、绿色为奇。

黄蜡石也有人称其为黄龙玉，但黄龙玉为玉髓，包括新疆的金润玉也为风蚀作用的玉髓。而礼县的此类石为变质石英岩，故定名为黄蜡石比较确切。

陇南的黄蜡石其原岩为含铁的石英砂岩，受区域变质作用以及岩浆岩侵入作用发生重结晶作用，石质变得致密细润，二价铁变为三价铁，颜色变得鲜亮。同时，受地质作用岩石破碎后流入酸性泥土中，长期受酸性物质溶蚀，其表面产生蜡状油彩。后落入河流，受水流冲刷摩擦，表面油光亮滑。蜡石特点要有釉，具蜡状光泽为佳。

3. 武山金润玉

该玉为黄色大理岩，呈鹅黄色，蜡状光泽，油脂光泽，暖色调，具原始沉积的水波状条纹（图2-67），为未固结的深海岩石垮塌或沿断裂带充填贯入，后受海水热液或岩浆热液作用，二价铁变为三价铁，岩石变得质润色黄。金润玉质地细腻致密，色调柔和滋润，适合制作图章、项链、玉镯等工艺品和首饰。新疆哈密市震旦纪地层中发现有类似玉石。

图2-67　武山县金润玉

4. 武山冰晶玉

白里透红，或含红色、黑色构造角砾岩，红白相间纹中有方解石结晶生长的长条状白色晶体，如冬日乡村屋檐上倒挂的冰柱，又如微瀑布挂在石面，冰清玉洁，美不胜收。岩石层间被铁质液体渗入呈褐黄色条纹，如肌肤如血液，充满活力（图2-68）。

图 2-68　冰晶玉籽料

5. 张掖市黑河石

多为张掖黑河砾石，淡绿与草绿色深浅相间，呈水波纹状，如一条条彩色的丝带，沉积纹理清晰。石质细腻，少裂隙，块状构造，石质为碧玉岩。致色元素可能为铁、钒、镍，或为绿泥石。命名为丝路水韵的工艺品（图2-69）。

另一件黑河砾石，命名为黑水蕴绿，是笔者在张掖市玉水苑获得，为粉砂岩，矿物成分主要为石英及少量磁铁矿、赤铁矿，致色元素可能为钒、钛等（图2-70）。该石在祁连山中较少见，看完石居里铜矿出沟处，在河滩处洗手，该石映在清冽的水中，颜色或绿或黑，或白或黄，绿色孔雀石小脉体穿插在挤压变形的黑色石灰岩中，给人一种灵动的观感。

图 2-69　张掖黑河砾石——丝路水韵

图 2-70　张掖黑河砾石原石及工艺品——黑水蕴绿

6.秦安县莲花李家河汉白玉

汉白玉产出位置：秦安县莲花镇李家河距公路约500m，高压电线通过矿区，河流在矿区300m处通过，交通条件极好，开发所需的水电条件基本具备。

该大理岩产于距今18亿年前的陇山群地层中，大理岩厚度在30~80m之间，地表出露长度在1km以上。储量规模属大型以上。大理岩非常纯净，有肉红色、纯白色两种（图2-71）。粒度细，是生产电石的良好原料，可加工人造石材，也可制碱，或作为生产水泥的主要原料。

图2-71 秦安县莲花镇李家河汉白玉标本

图2-72 两当县金润玉大理岩标本

7.两当县金润玉大理岩

两当县金润玉大理岩与大理岩质地、颜色等类似，但两当县金润玉开采方法属较先进的地下硐采，工艺为金刚砂链锯。地表不见开采工作面，对环境影响小，成材率高（图2-72）。其地质多由碳酸盐岩经区域变质作用或接触变质作用形成，质优者可比阿富汗玉或汉白玉，而产自阿富汗、巴基斯坦的优质大理岩用来仿和田玉。此处大理岩色如凝脂，光泽温润，适合加工成工艺品、小饰品。另在陇南市近郊姚寨沟有黑色大理岩产出。

8. 瓜州县玉石山一带大理岩

该石收集于瓜州玉石加工市场（图2-73）。初看有糜棱岩化、混合岩化现象，但滴盐酸起泡，为大理岩，肉红色大理岩与灰色大理岩相间分布，肉红色似具拉断挤压石香肠特征。石质呈致密块状少裂隙，表面图案丰富，是天然良好石材。

图2-73 瓜州县玉石山大理岩标本

9. 肃北蒙古族自治县南金山金矿叶蜡石

（1）位置交通

位于肃北蒙古族自治县马鬃山镇明水一带，隶属马鬃山镇管辖。地理坐标为东经96° 05′ 15″至96° 13′ 33″，北纬41° 57′ 08″至42° 00′ 30″，由马鬃山镇经马（马鬃山）—明（明水）公路90km可达矿区，交通方便。

（2）地质特征

区内出露地层为石炭系白山组，岩性为火山碎屑岩、碳酸盐岩、正常沉积碎屑岩，局部夹中酸性火山碎屑熔岩，呈北北东向展布，倾向南东。岩石中劈理、节理较发育。侵入岩较发育，以次生石英岩、碳酸盐脉、石英脉等为主。叶蜡石矿带断续长度为3000m，宽30~120m。呈北东东向带状分布。矿体最长者达400m，最宽11m。形态为透镜状、似层状及不规则团块状等。

（3）叶蜡石特征

叶蜡石为白色、灰白色，显微鳞片变晶结构，块状构造。矿石矿物成分主要为叶蜡石，少量高岭石、绢云母、石英（图2-74、2-75）。

图2-74 肃北蒙古族自治县南金山金矿叶蜡石化标本（图中 prl——叶蜡石，
cln——玉髓）

图2-75 肃北蒙古族自治县南金山金矿叶蜡石标本

10. 山丹县清泉镇红山湖印章石

山丹县叶蜡石产于山丹县清泉镇红山湖村。从该村子前行至苏布日格水库，由水库往南可达矿点，在县城可看到北部山上白色区域多为采滑石矿点，下覆叶蜡石。

叶蜡石矿与滑石矿呈异体共生，叶蜡石上覆二云石英片岩，片岩中含石榴子石、十字石、石墨、蓝晶石等。除含滑石外，次要矿物为透闪石、绿泥石、石英、白云石等。区内加里东期闪长岩、花岗岩和海西期石英正长岩发育。

山丹叶蜡石质地细腻脂润，微透明，性微坚，肌理含黑色细脉（含石墨）或粉白点（白云石、方解石），隐晶质结构、微细粒状结构，致密块状构造，深绿色、黄绿色，表皮光滑，似如涂过油漆一般，新开断面呈蜡状光泽，但出露地表较久的呈油脂光泽，小刀可刻动，断口呈参差状，结构致密，韧度较高，适于雕刻（图2-76）。矿物中含铁、锰、钛等元素。

图2-76　山丹县叶蜡石籽料

11. 永登县白崖子北桃花玉

在永登县白崖子北及榆中县南部出露的奥陶系中堡群火山岩中发现有桃花玉。

桃花玉，也称桃花石，学名蔷薇辉石。国内产地很多，主要产于北京昌平、青海省祁连山一带。该石质地和硬度极似翡翠，又称粉色的翠。石质微透明，富有玻璃光泽。石中含多种金属矿物成分，同一石上呈现互不渗透的不同颜色或互相渗透的混合颜色。经加工抛光，呈鲜艳的桃红色并夹杂黑色的纹饰。桃花玉为原矿状分布，开采后其切开面呈黑色、绿色、淡蓝色等线条有机组合。纹理清晰，画面组合协调，色美质丽。可与彩玉石媲美，颇具观赏价值。笔者收藏的桃花玉，玉质细润，硬度高，微透明，玻璃光泽，致密块状集合体，粒状结构，致色矿物为蔷薇辉石，表面氧化呈黑色，属锰氧化物形成的薄膜。显微镜下观察玉中含石英、点状黑色氧化锰色斑、细管状蛇纹石等矿物（图2-77）。

桃花玉经加工抛光，呈鲜艳的桃红色，晶莹美观，红似春日桃花。笔者不禁感叹：朝看日出晚看霞，任它秋去又春夏。冬日寒流过天涯，我心犹有桃花发。

图 2-77　永登县白崖子北桃花玉籽料

12. 景泰县寿鹿山墨玉

　　寿鹿山墨玉产于景泰县寿鹿山自然保护区内，为黑色粗粒角闪石岩，岩石结构致密，块状构造（图 2-78）。早些年曾有当地人开采加工酒杯等小物件，或加工为观赏石。因石质紧密，加工后乌黑锃亮，解理面如镜面，具光反射现象。放在家里案几似金刚一般，许多人收藏驱邪镇宅。甘肃北山地区马鬃山一带该类岩石分布广泛，如开发作为高级建材或是一个好的出路。

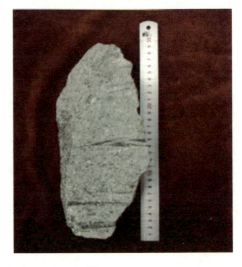

图 2-78　景泰县寿鹿山墨玉籽料

13. 榆中县马衔山七彩玉

　　七彩玉原为印度玛瑙,在同一块玉石上能见到多种颜色并存,这就是七彩玉的特色。这种俗称七彩宝石的玛瑙产于印度,按玛瑙的产地来划分而得此名。七彩玉的瑰丽看似形状各异杂乱无章,实则别有意味。其颜色的搭配与纹路的接合自成一格,灰、蓝、绿、紫、黑、白、黄、粉、橙等颜色融为一体,恰到好处,独具特色。七彩玉的玉质坚硬,一般都在摩氏6.2度以上,上好者可达7度。普通玉石的包裹体在玉石中所占比例不高,纹案总体比较简单,而七彩玉由于包裹体比例较大,且保持着各自的形状和色彩,花纹千变万化,十分丰富。在其形成过程中,因含有钙、镁、铁、铬、锌等微量元素,佩戴时,有调节人体新陈代谢和血液循环,起到祛病除疾的作用。颜色的多样性,增加审美的意趣,丰富了材质本身的可创作空间。

　　榆中县马衔山七彩玉产于沿构造破碎带充填的萤石脉中,打磨抛光后图案精美,石质细腻,为爱石赏石者所钟爱(图2-79)。

图2-79　榆中县七彩玉工艺品

　　从工艺品上看其特点:一是石质细腻光滑,质地坚韧,岩石由白色、绿色、黄色软玉,红色、白色玉髓和紫色萤石等交融,具有似玉石般的性质,细腻光洁，手感润滑，经适度雕琢磨光后晶莹润美。二是色彩绚丽，红、绿、黄、白交错浸染，色彩斑斓，图案精美，是观赏石中的佼佼者。

马衔山七彩玉玉髓与萤石矿共生，与萤石矿形成时代相同，呈块状产出，隐晶质结构。颜色丰富绚丽，有白玉髓、淡黄玉髓、红玉髓、萤石浸染紫玉髓等（图2-80），显微镜下观察伴生矿物有赤铁矿、黏土类矿物，半透明至不透明，沿裂隙有黑色铁锰矿物沉淀。有时同一块石上可见红、黄、紫多种颜色，相互交融，细润光滑，加工成的小挂件、雕件非常精美。

图2-80　榆中县玉髓籽料

马衔山还产有烟水晶。呈烟灰色，表面有横向生长纹，质地坚硬。打磨抛光后如黑金刚，刚劲有力（图2-81）。萤石呈紫红色，皮壳状断口，钟乳状赋存于构造裂隙中，品位高，矿点多，但规模较小，数年前作为水泥厂配料开采，现已停采，今后可作为观赏石加工开采。

图2-81 榆中县烟水晶籽料及工艺品

14. 北山芙蓉石

芙蓉石也叫爱情石。所有芙蓉石大小件可用有 中国特色的绳结编织，不失时尚，也是情侣佩戴的流行饰品之一。上品芙蓉石天生丽质，雍容华贵，微透明而似玉非玉。前人形容其"如脂如膏如脲""拂之有痕"，这表达了人们对芙蓉石的珍惜之情，唯恐有所损伤，仅仅"拂之"当然不会"有痕"。古人推崇芙蓉石曰："美玉莫竞，贵则荆山之璞，蓝田之种；洁则梁园之雪，雁荡之云；温柔则飞燕之肤，玉环之体，入手使人心荡。"

芙蓉石也可称为红水晶、玫瑰水晶、蔷薇石英。化学成分为 SiO_2，硬度7级，密度为2.65g／cm^3，透明或半透明，属于彩色玉石。断口贝壳状，呈油脂光泽。一般为粉红色。芙蓉石以颜色浓艳，质地纯净，光泽强者为最好。质地匀润，半透明者，且含有极微小的金红石内含物，可以磨出较为清晰的六射透星光来。透星光为芙蓉石独有，淡红到火红色，系含氧化铁和氧化钛所致。

与其他山坑石相比，芙蓉石的主要特征是凝结脂润、细腻纯净，而且品玩最容易上"包浆"。名贵的芙蓉石夹在坚硬的围岩之中，肌里有黄色、白色或灰色的块状砂团，这种砂团或砂线的分布没有规律，通常含有黄沙的芙蓉石质地最好。笔者所见有肃北蒙古族自治县石板井和红石山南一带芙蓉石（图2-82、2-83）。

图2-82　芙蓉石标本　　　　图2-83　陈列于酒泉市省地矿局四勘院的芙蓉石标本

第三章　隐晶质玉髓

一、甘南红玛瑙

(一) 产出位置

甘南红玛瑙矿位于迭部县郎木寺贡巴村附近，就近为财宝山煤矿。甘南红玛瑙主产于以迭部为中心的甘南一带，矿脉位于何处不得而知，现主要捡拾那些被雨水冲刷至峡谷的籽料原石，年产量极其有限。

(二) 玉质及特点

甘南红玛瑙玉质主要成分为 SiO_2，并含少量铁、铝、钛、锰、钒等。硬度为6.5~7度，密度为2.55~2.91g/cm³，折光率为1.535~1.539。隐晶质—显晶质结构，透明、半透明、微透明至不透明。有锦红、柿子红、玫瑰红、樱桃红、粉红、粉白、白色、绿色、黄绿色、灰黑色、红白相间色等。颜色天然饱和，厚重温润，艳而不妖，非常符合传统美玉的审美条件。特点有二：

1. 料小、硬度高、色泽浓

甘南红玛瑙很少有能雕琢成件的料子，大多数只能被打磨成珠子，料子普遍很小。而且甘南红是所有南红中硬度最高的一种，可以用异乎寻常来形容。甘南红的色彩特点是纯正浓厚，干净均匀，色域窄，不具备多种红色调（图3-1）。

图3-1　夏河县王格尔塘观赏石店甘南红标本

2. 质地上佳

甘南红一度被认为是品质最好的品种之一，比保山南红还要好。除了它的颜色异常浓烈外，优良的质地也是关键所在。甘南红质地细腻光滑，油脂光泽充足，使其看上去浑厚感十足，比保山南红更胜一筹。不过甘南红现多见老南红玛瑙珠子，新资源几乎枯竭。

（三）玉石分类

（1）水坑籽料

主要分布于峡谷、溪流或河床沙石中，一般为10~80g的籽料原石，达百克以上者较少，千克以上者罕见。原石均由皮、肉和内心三部分组成（图3-2），外皮厚3~5mm，颜色以柿子红为多，亦有锦红、玫瑰红、粉红等皮色。在强光下通体透光者，内里大多为白色或无色的水晶，也就是通常所说的"白心"（图3-3）。在强光下表皮红中泛白、半透明者，内里大多为锦红、粉红色的蜡玻种、玻璃种或冰种的甘南红玛瑙（图3-4）。在强光下微透明者，内里往往为胶质感较好的蜡玻种或蜡种甘南红玛瑙，内部是以白色或浅红色线条构成菱形核心由内向外扩散。原石大都裸露在峡谷、溪流的水中或河床的沙石之中，主要靠捡拾，在河床深挖沙石亦能有所收获，但产量甚微。

图3-2 水坑籽料

图3-3 水坑籽料（白心料）

图3-4 水坑籽料（表皮红中泛白、半透明）

（2）土坑籽料

主要分布在峡谷山坡以及沟谷河床两侧沙石土中，以50~200g籽料原石多见。原石均由皮、肉和内心三部分组成，外皮厚3~5mm，颜色以柿子红为多，亦有锦红、玫瑰红等皮色。在强光下微透明者，内里往往为胶质感较好的蜡种甘南红玛瑙，内里少见有胶质感较好的灰黑色，表面风化强烈者内裂往往很深。内部是以白色或浅红色线条构成菱形核心由内向外扩散。亦有块大1~5kg的原石，以微透明多见，少有半透明者，大多无皮、有裂。罕见有达数10kg的原石，表面风化严重，且石性重、裂纹多。块大1kg以上者，中间大多有菱形白条线条、较粗，颜色纯、胶质感好者较少，胶质感较好者一般都有深色裂线或块状的深颜色杂于其中，显得较花，颜色纯、胶质感好、裂较少者可遇而不可求。强光下通体透光者，内里大多为白色或无色的水晶，也就是通常所说的"白心"（图3-5），亦有红白相间的半透明南红料（图3-6、3-7），这类南红的外皮一般厚6~10mm。矿源分散，深挖1~2m偶能有少量产出，产量甚微。

图3-5　土坑籽料（红白大料，重2860g）

图3-6　土坑籽料（白心大料，重1150g）

图3-7　土坑籽料（红白料，重450g）

（3）山料

矿脉位于人迹罕至、无路可通、高不可攀的陡峭悬崖，至今无法开采。根据对重达10kg的土坑籽料的颜色、质地以及分布情况的分析，应为同一块甘南红玛瑙山料在滚落悬崖过程中的碎块。由此推断，甘南红玛瑙山料，极有可能有重达数百千克，甚至上吨的超大山料，因矿脉位于无路高不可攀的陡峭悬崖，而无法深入了解。

（四）甘南红玛瑙的种类

1. 蜡玻种

蜡状至玻璃状光泽，半透明，玛瑙纹若隐若现，强光下清晰可见。体如凝脂、精光内敛、质厚温润、脉理坚密，为甘南红玛瑙中最好的品类。颜色已见有正红、锦红、玫瑰红、樱桃红等，颜色纯正、深浅不一。产于峡谷、溪流之中，属水坑籽料，水足、色满，为甘南红玛瑙中质地最细密、最坚实的品种。老品表面遍布不规则的磕碰痕，放大镜下如繁星闪烁，极少有裂。根据相关资料的查阅结合市场调研的结果，已知传世实物仅见有珠串，极品的存世量不足10件，堪称稀世珍宝（图3-8、3-9、3-10、3-11）。

图3-8　蜡玻种（老甘南红手钏，16颗，平均珠径1.4×33px，重57g）

图3-9　蜡玻种（老甘南红珠链，27颗，平均珠径1.4×33px，重103g）

图 3-10　蜡玻种（老甘南红桶珠）　　　　图 3-11　蜡玻种（蜡玻种原石）

2. 蜡种

蜡状光泽，微透明至半透明，常有无色、浅色或白色玛瑙纹相间，质次者有包裹体。体如凝脂、精光内敛、质厚温润、脉理坚密，为甘南红玛瑙中仅次于蜡玻种的上品。颜色已见有锦红、柿子红、玫瑰红、绿色、黄绿色、灰黑色等，大多颜色在橘红和正红之间，亦有相当一部分为多色相间。大多为产于峡谷、溪流之中的水坑籽料，土坑亦有产出，量较少，水足、色满，很少有裂。存世老品以佛珠、朝珠、勒子多见，蜡光深厚凝重，虽有少许磕碰痕，但表面仍显光滑。此类藏品在北京、兰州、天水、甘南、迭部的老玩家手中以及拍卖市场可见。根据相关资料的查阅结合市场调研，蜡种甘南红玛瑙的存世实物多为珠串，已知极品的存世量仅数百件。其缺点为常有无色、浅色或白色玛瑙纹相间，质次者有包裹体、土坑多有裂。详见图 3-12、3-13、3-14、3-15、3-16。

图 3-12　蜡种（老甘南红珠链，27颗，　　图 3-13　蜡种（老甘南红手钏，17
　　　　　平均珠径 1.4×33px）　　　　　　　　　　颗，平均珠径 1.4×33px，重55g）

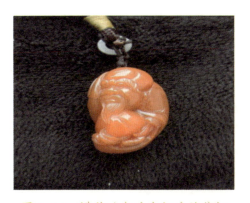

图3-14　蜡种（老甘南红斗笠翁把
件）

图3-15　蜡种（甘南红挂件）

图3-16　蜡种（蜡种甘南红原石）

3. 玻璃种

玻璃光泽，半透明至较透明，强光下可见若隐若现的玛瑙纹。体如凝脂、精光内敛、质厚温润、脉理坚密，为甘南红玛瑙中较好的品种。颜色已见有正红、锦红、粉红等，颜色纯正、深浅不一。产于峡谷、溪流之中，属水坑籽料，水足色满、色泽莹润（与翡翠玻璃种接近），较少有裂，在中上品的甘南红玛瑙中占据比例较大（图3-17、3-18、3-19、3-20）。其缺点：① 在千年老品中，见有玛瑙核心表露之处因长期风化或土沁而剥离或剥落，裂处形成明显的伤疤痕，疤痕处颜色沁为深褐色至褐黑色；② 色差较大，有的传世品颜色很浅。

图3-17　玻璃种（老甘南红珠链，54颗）

图3-18　玻璃种（老甘南红六棱管珠）

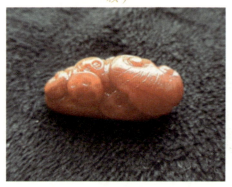

图3-19　玻璃种（甘南红挂件）

图3-20　玻璃种（玻璃种甘南红原石）

4. 蜡石种

蜡状光泽，靠近内心部分为微透明至半透明，外部石性较重、不透明，表面有沙石、泥附着，大多外部有裂，有的内部为花心（图3-23），为甘南红的中档品种。颜色较正，已见有锦红、柿子红、玫瑰红等色，主要分布于矿源产区的土中以及沟谷河床两侧的沙土中，属土坑籽料，但在峡谷、溪流中偶尔亦能觅见。块较大，一般有0.5~3kg，大者有5~10kg。矿源分散难得一遇。因大料多裂，雕件成品甚少，保存完好的老品摆件更是难得一见（图3-21、3-22、3-23）。

图 3-21　蜡石种（甘南红山子"对弈图"）

图 3-22　蜡石种（甘南红原石）

图 3-23　蜡石种（甘南红原石）

5. 蜡冰种

　　蜡状光泽，微透明至半透明，绝大多数有包裹体，为甘南红玛瑙中的中档偏次品种。已见有锦红、柿子红、玫瑰红、樱桃红、粉红、粉白以及红白相间色等，产于峡谷、溪流之中，大多为水坑籽料，亦有少量为土坑籽料，水足、色满，常见有网格状内裂。20~100g 的水坑籽料为多，亦有大者 2~5kg 的土坑籽料。因大料多裂，所以千克以上的雕件成品少见，保存完好的老品摆件罕见。民间常将此料做成勒子形佩饰，此类藏品在藏族群众以及古玩商的手中流传较多，也是市场中最为常见的存世品种之一（图3-24、3-25、3-26、3-27）。其缺点为老品年久风化、裂纹严重。

图 3-24　蜡冰种（甘南红山子"红白巧色龙"）

图 3-25　蜡冰种（老甘南红手钏，9颗）

图 3-26　蜡冰种（甘南红挂件）

图 3-27　蜡冰种（蜡冰种甘南红原石）

6.花石种

石性重，不透明者为多，玉与石掺杂一体、纵横交错，为甘南红玛瑙中的低档品种。已见有锦红、柿子红、玫瑰红、樱桃红、褐红、粉红、粉白、无色等相互交杂，主要分布于矿源产区的土中以及沟谷河床两侧的沙土中，属土坑籽料，但在峡谷、溪流中偶尔亦能觅见。块较大、石性重，一般重1~3kg，大者有10kg。花石种属于最常见的品种，矿源分散且储量很少，目前已基本绝矿，每年夏季能有少量产出。民间常将之与蜡冰种、冰种掺杂一起制成佩饰（图3-28）。老品较多有裂。其缺点为石性重、表面干涩。

图3-28　花石种（老甘南红手钏）

（五）地质成因

甘南玛瑙赋存于距今1.6亿年前的中侏罗世郎木寺组灰白色中酸性安山岩孔隙及断裂带附近。该套中性、中酸性熔岩—火山碎屑岩分布在碌曲县北东的郎木寺、合作市北东、宕昌县北等地，早期以爆发相为主，晚期以溢流相为主，火山喷发结束后，残余热水溶液交代早期喷发的中性岩，析出的二氧化硅在安山岩气孔和空洞中沉淀，形成了玛瑙矿床。其红色主要由赤铁矿点状包裹体、球粒状集合体致色。

找矿方向：除重视甘南地区外，目前宕昌县也发现有玛瑙，应追寻现有的线索，尤其民间玉石爱好者的新发现，通过沟谷水系的调查，寻找原生玉石矿。

（六）开发历史

甘南玛瑙最早名为赤玉，作为珍贵的宝玉石，大约在雍正元年（1723年），甘南红玛瑙走入紫禁城，从此出现了赤玉朝珠，并掀起赤玉雕件、赤玉珠链、赤玉手把件、赤玉佩饰的红色热潮，当时最为著名的作品——赤玉凤首杯，深得雍正皇帝喜爱（现收藏于故宫博物院，为国家一级文物）。然而，由于甘南红玛瑙的资源稀缺，加之雍正年间的过度开采，至乾隆早期便出现资源间歇性枯竭。

清晚期再次被发现利用，被命名为"甘肃南部的红玛瑙"，备受欧美收藏界热捧，成品几乎全部出口。中低档甘南红大多用作藏族群众的持珠、手钏、饰品或藏服的珠坠佩饰，绝大多数为红白料、色差、易裂或石性较重的老品，这是如今在甘肃、青海等地古玩市场所能见到的甘南红玛瑙。由于储量甚微，甘南红玛瑙再一次因为过度开采在民国时期出现资源间歇性枯竭。直至20世纪80年代，北京首饰公司在迭部县再次发现并开采了储量甚微的甘南红玛瑙露天矿，因原料稀缺，很快被开采殆尽。

近年来，以迭部县为中心、覆盖甘肃南部地区的玛瑙矿开发引起业内关注。矿脉位于人迹罕至、无路可通、高不可攀的陡峭悬崖。露天矿主要指那些被雨水冲刷至周围峡谷的原石，储量可想而知，这也是甘南红玛瑙矿时有时绝的根本原因。开矿的形式，主要靠捡拾或挖掘那些被雨水冲刷至地表、溪谷之中的水坑和土坑籽料，由于分布零散，且产量甚微，珍品、极品的原料更是可遇而不可求。

二、山丹县清安口玛瑙

山丹县清安口玛瑙产于山丹县与永昌县交界清安口一带。永昌县境内也有灰色玛瑙。

玛瑙呈蜡状至玻璃状光泽，基本不透光，玉如凝脂、质厚温润。颜色有正红、灰红等，颜色穿插有白色玉髓斑块或灰色玉髓细脉（图3-29）。硬度大，刀刻不动。显微镜下观察，除含隐晶质玛瑙外，另有少量赤铁矿、磁铁矿，及细管状硅灰石。矿物中含铁、锰等元素。另有一种金色的玛瑙，灯下看有纹路隐约如金丝拉线，或如山水画，属全国独有的玛瑙品种，黄色代表财富，可做成平安牌，寓意平安来财。

山丹县清泉镇产有玛瑙。其形成时代应属侏罗纪。当地人命名为七彩玛瑙，色泽艳丽，与张掖市七彩丹霞相辉映，地上有美景，地下有宝玉。此外还有玉髓（图3-30）。

图3-29　山丹县清安口玛瑙标本

图3-30　玉髓标本与籽料

三、祁连山福豆玛瑙

（一）产出位置

祁连山不仅有雪山冰川、草地沼泽等秀丽的自然风光，也有珍稀的玉石宝物，知名的有和田玉、蛇纹石玉。笔者近日有幸见识到一种绿色豆状玛瑙，将其命名为福豆玛瑙。分布于西起肃北蒙古族自治县当金山、东到天祝藏族自治县乌鞘岭的基性火山岩区。

（二）玛瑙特征

玛瑙为祁连山当地牧民在高山坡积物水沟捡拾所得。深绿色玛瑙大的如蚕豆，小的似绿豆，呈椭圆形镶嵌在石中，在一些玛瑙豆破碎掉落处可清晰看见玛瑙纹层构造。笔者收藏的福豆玛瑙，隐晶质结构，微透明至半透明，一块赋存基岩为火山碎屑岩，另一块基岩为暗红色玉髓，玛瑙颜色呈苹果绿色、淡绿色。从破碎玛瑙豆上可见小水晶生长，放大镜下观察十分清晰，绿色薄壳包裹着无色微透内核呈皮壳状（图3–31）。

图3-31　祁连山福豆玛瑙

（三）地质成因

福豆玛瑙形成于距今1亿多年前的侏罗纪。火山爆发后，炽热的玄武岩浆迅速冲出地面遇冷温度降低，形成大小不一形态近似椭圆的气泡，火山喷发停止岩浆凝结成岩石后，气泡成为空洞。火山再次喷发时其内部含二氧化硅、硅酸胶体溶液受压沿着岩石裂隙上升充填空洞，之后随着温度降低岩浆冷却，经多年沉淀结晶，含铁、镍、钴等致色元素硅酸溶液形成绿色豆状玛瑙。经矿石快速分析仪测试，该标本除含铁外，镍、铬等含量相对较高。矿物组成与水晶、玉髓一样均为石英。祁连山溪流河道中随处可见红色、烟灰色、无色玉髓，在沟谷水冲处有时可见玉髓脉体，色泽鲜艳，质地细腻，是雕琢工艺品、加工观赏石的上等材料。

世界上红色玛瑙居多，但绿色玛瑙稀有，而绿色豆状玛瑙几乎世间罕有。古人以豆比粮，将绿色视为丰收。据牧民讲，福豆玛瑙寓意子孙兴旺，吉星高照，财源滚滚，幸福圆满。

在祁连山中还发现有翠玉，白色底色中隐含青色，呈星点状、团块状、云雾状，如春日嫩叶飘浮，如翡翠一般，故名为翠玉。该类玉石青海也有发现，命名为翠青，矿物属性为含水钙铝榴石的透闪石玉。酒泉市发现的遇稀盐酸起泡，钢刀可刻动，半透明，粒状结构，局部玉化较好，呈隐晶质结构，

100倍显微镜下观察绿色非独立矿物，而是赋存在微细粒至隐晶质石英中，致色因素暂未查明，属硅化蛇纹石化大理岩（图3-32）。甘肃境内是否有透闪石质翠玉应予以关注。

图3-32　祁连翠玉

四、漳县玉髓

在漳县胭脂乡直沟村附近沟谷中发现玉髓。玉髓产于石灰岩与角岩破碎带内，属沿破碎带贯入的玉髓矿。在就近沟边见有采出的透明度一般、较小的水晶。裂隙较多。有的玉石为红色，色鲜艳（图3-33）。矿脉位于较陡的半山坡上，需爬陡坡50m高。从遥感影像图看，似有以往开采迹象。玉髓矿附近有萤石矿，地层为二叠纪大理岩化石灰岩，其西部为三叠纪教场坝花岗岩体。

图3-33 漳县玉髓标本及籽料

第四章　图纹石

一、黄河石

（一）产出位置

　　黄河石主要分布于临夏回族自治州永靖县、兰州市的红古区、七里河区、安宁区、城关区、皋兰县以及白银市、靖远县等地黄河河道及两岸。在洮河流域、渭河河谷也有奇石分布。

（二）基本特征

　　一般包括山水景观、形象石、图纹石、生物化石等，但多以河床卵石为主。黄河是中华民族的母亲河，黄河石蕴藏了民族的情感，加之其姿态万千，图纹丰富，具雅俗共赏形象与意境之美，适合不同的观赏者。兰州黄河石为历经自然磨砺的卵石。外形自然、色调单纯、线条拙朴、内容丰富，包容了世间万物万象，除了具有灵动雄浑、沉稳朴拙、色彩斑斓、坚硬细腻的特点外，更具有深邃、广博的文化历史内涵，具有独特的画面和珍绝的典故，具有极高的艺术价值。

（三）石质类型

1. 黄河图文石

　　黄河奇石古已有名。《云林石谱》记载："兰州黄河水中产石。有绝大者，纹采可喜。间于群石中得真玉璞。外膘又有如物像墨青者，极温润，可试金。顷年余获一园青石，大如柿，作镇纸，经宿连简册，辄温润。后以器贮之，凡移时有水浸润。"黄河奇石中沉积岩、岩浆岩、变质岩均有产出，以硅质岩类为佳。自然风光、人物、动物、文字符号等，变化无穷，无奇不有（图4-1、4-2）。

图4-1 黄河图文石工艺品

图4-2 黄河图文石籽料

2. 黄河黄龙玉

产于黄河流域，以河床卵石为主。经长期穿山越峡，过崇山峻岭，沿途黄龙玉坠入河道之中。经河水长期的搬运、冲击、磨圆，形成大小不一的卵石，石表光滑，质地坚硬，凝重质朴，具有无与伦比的古老文化内涵。由于铁质矿物及水草长期浸润，风化日晒多种作用叠加，石皮形成以黄色调为主，如黄土、黄河一般，古朴浑厚，粗犷豪放，蕴含中华民族沿着黄河流域历尽沧桑的悲凉、豁达之气（图4-3）。

图4-3　黄河黄龙玉籽料

　　黄龙玉石质为硅质岩类，100倍显微镜下观察石质细润，微细粒状结构到隐晶质结构，质地细腻，密度为2.6g/cm³，含少量赤铁矿。硬度大，微透明至半透明。表皮呈蜡状光泽，色调为金黄、亮黄色，光谱分析含少量的铁、铬。

　　其成因为玉髓质或石英质岩经热接触变质或区域变质改造，又因地质运动构造作用破碎，破碎的玉石滚入河水之中，一部分黄龙玉经河水搬运而流入江河，并经千万年的水流冲刷及沙砾摩擦，并经水中各种矿物质的长期渗蚀，使其表面产生金黄的颜色。

3. 黄河青蛙石

　　石质为绿泥石，其特点成因同肃南裕固族自治县绿泥石。黄河绿泥石中多有绿色或白色的粗细不一的细脉在墨绿色石中如树根穿插，其原岩应在黄河上游，搬运距离较远，表面更加光洁圆润（图4-4）。

4. 黄河绿玉

　　硬度大，石质光滑，微细粒，属碧玉岩类。黄河绿玉，为绿色灰岩质，滴稀盐酸起泡。质细腻，表皮光滑，不乏上乘佳品（图4-5）。

图4-4 黄河蛇纹石籽料

图4-5 黄河蛇纹石化大理岩籽料

5. 洮河石

洮河藏语称为碌曲（意思为鲁神之水、神水，是甘南藏族自治州县名），是黄河上游第一大一级支流，发源于青海省西倾山东麓，由西向东在甘肃岷县境内折向北流，止于永靖县汇入黄河刘家峡水库，南以西秦岭迭山与白龙江为界。洮河石多产于定西市临洮县、岷县等地洮河畔。该石石质较优良，有赤红、墨绿、酞蓝、淡青、鹅黄等色，色泽鲜艳，图纹清晰，画面俊秀，有山水、草木、鸟兽等，线条粗犷，轮廓古朴、稚拙，有较高的观赏价值（图4-6）。

由于洮河含沙量较大，经千百年细沙冲击的河岸边缘，有大量的五彩卵石，陆离斑驳，千姿百态，构成各种图案。由于特殊的地质地貌，洮河石品类较多，其中有异彩纷呈的洮河彩石、纹路清晰的洮河化石、形象逼真的洮河梅花石、形态奇异的洮河卵石，还有洮河墨绿石等。

6. 渭河石

渭河，古称渭水，是黄河的最大支流。发源于定西市渭源县鸟鼠山，河流短小，为间歇性河流，东流过陇西县、武山县、甘谷县至天水市又有葫芦河由北岸注入，过小陇山，入陕西省境，至渭南市潼关县汇入黄河。奇石主要分布于定西市至天水市的渭河流域河谷中。

基本特征是大者如西瓜，小者似桃，质地坚硬，色彩多为间色或复色，色调沉稳古雅。大自然以天然之笔将矿物质浸染在岩石上而形成景物、人物、动物、建筑物等社会之万物，或以曲直线条表现，或以色块构成，穷极变幻，手法各异，无奇不有（图4-7）。

图4-6 洮河石工艺品

图4-7 渭河石工艺品

二、武山县马力叠彩石、纹理石、木纹石

武山县马力乡及相邻漳县贵清山一带所在区域，大地构造位置处于西秦岭北带，其地质构造复杂奇特，属距今3.5亿~2.3亿年的晚古生代石炭纪—二叠纪，为浅海相沉积区，沉积层序完整，古生物化石丰富，主要有珊瑚、蜓、腕足类、苔藓及鹦鹉螺化石。独特的构造位置，造就了独特的观赏石类型，除了久负盛名的鸳鸯玉外，"马力石"近年来也是声名鹊起，为爱石、赏石者所喜爱。

（一）品种及评价

1. 叠彩石

叠彩石主要分布于武山县马力乡的狮洼山和漳县东泉乡的关下、韩家川等地。

叠彩石是一种珍贵的宝石，色彩鲜艳、质地细腻。叠彩石是一种溶洞奇石，以山水、牡丹、梅花、敦煌壁画为主，具有很高的收藏价值，是一种非常受欢迎的观赏石。其石种岩性多为碳酸盐岩，岩石地质时代以第四纪为主，主要矿物成分为方解石，岩石结构构造为细晶结构、皮壳状构造，摩氏硬度为3，又名马力石、毛女石、狮屲石、宁远彩玉等。叠彩石多产于武山县马力镇和漳县贵清山麓。色彩丰富，以黄褐色为主，多呈层状。经打磨可出现如千佛洞、牡丹花、行云流水等美丽图案。体量一般为20~40cm。

笔者展示的叠彩石工艺品见图4-8，其石质细腻光滑，在乳白、灰白等浅色调底色上，分布有红色、白色、黄褐色等颜色纹理，如行云流水，又如彩霞晚照。纹理剖面上由于层面和层理不平整，呈现出红白两种颜色组成的各种图案，或复杂多变的彩色条带，如飞龙在天，口喷烈焰，或如山川河流、云影波光、朝霞月辉，一石之中，气象万千，图案艳丽奇特，色彩浓淡适宜，丰富多彩，画面出神入化，美不胜收。一般顺色带切割打磨多为动物图案，垂直色带切割抛光多为山林图像。

图4-8　武山县叠彩石工艺品

2.纹理石

多产于武山县沿安乡。该石种岩性为大理岩，岩石地质时代为石炭纪，主要矿物成分为方解石，其结构构造为变晶结构、层状构造，摩氏硬度达到3~4。原石多似粗糙的破朽木头，经打磨后纹理如木纹，呈赤褐色，纹理清晰。具有美丽的平行纹理和精美的图像（图4-9）。一般在棕黄色背景上由黑褐色的线条形成山水、丛林、云纹等画面，偶有人物等图案。古朴典雅，颇具观赏价值。体量一般在50~100cm。

图4-9　武山县纹理石

图纹是色彩的变化，色彩由奇石内部成分差异引起。石中涡洞相连，褶皱相叠，妍巧玲珑，集皱、透、漏赏石之大成及纹理之美。层面纹理千曲百弯，流畅的丝纹又似天然水波纹，非常优美。丝纹变幻无穷，石表面构成山水、人物等图案，绚丽多彩，极具特色。

3. 木纹石

木纹石分布于武山县沿安乡南川村。

石种岩性为大理岩，地质时代为石炭纪，主要矿物成分为方解石，岩石结构构造为变晶结构、层状构造。摩氏硬度3~4，原石似粗糙的破朽木头，经打磨后纹理如木纹，呈赤褐色，纹理清晰。一般在棕黄色背景上由黑褐色的线条形成山水、丛林、云纹等画面，偶有人物等图案。古朴典雅，颇具观赏价值。体量一般在50~100cm。

木纹石产于中泥盆世大理岩化灰岩中，在黄褐色的基岩中赭色杂质线条形成木纹状图案，花纹流畅、奇特，色彩和谐，个别形成美丽的风景画，呈现出群峦叠翠的山峰、谷崖、湖浪等，质、形、色、纹美观，纹理千变万化，兼工笔与写意，虚实相生，疏密得体，层次丰富，山川河流，云影波光，朝霞月辉，七彩尽显一石，天成画卷，画面出神入化，美不胜收，具木质本色和花纹的更为稀罕，颜色因含铁质而致色。木纹石硬度低但致密，易于开采加工，具有较高的艺术观赏价值（图4-10）。

图4-10 木纹石工艺品

（二）地质成因

武山县马力观赏石形成于距今2亿多年前的晚古生代二叠纪地层，石质为大理岩。在西秦岭半深海斜坡沟谷中，未完全固结岩石受地震、水下火山喷发等活动影响发生滑塌，充填堆积于断裂及深海沟中，受后期火山岩浆活动影响，岩石内部所含铁、锰等物质沿岩石裂隙浸染、渗透，二价铁变为三价铁，形成黄褐色、黄色，锰含量高时，花纹颜色为黑色，形成特有的纹理色泽。

纹理石是在局部地段出现沉积间断后，在台地潮坪相露出地表，在风吹和雨水冲刷等外力作用下，岩体台坪面形成若干形态各异的洼地和小丘，接受主要来自陆源的沉积物，这些沉积物在相对密集的小丘之间逐次成层沉积。伴随物质成分的变化和氧化还原环境的转变，沉积逐渐加厚在横向稳定连续，直至大规模的海侵以后，又沉积巨厚的化学沉积。从层面看纹理如同复杂地形地貌下测绘的地形图一般，画面出神入化，美不胜收。也有人认为是由藻类等微生物作用和无机沉积作用相互影响而形成的一种生物沉积构造体，可能二者因素俱存在。

（三）开发现状

马力观赏石发现开发较晚。1998年，发现人为马力镇榜沙河村石凸组人王守忠。秋天的一个晚上，他梦见一只凤凰如天上的彩霞落在他家屋顶，正要去捉，却被一阵雷声吵醒了。第二天他在地里干活用锄头挖土层，无意中挖出了长约30cm的石头来，石头图案像梦中的凤凰，就带回了家，恰好碰上准备结婚来请老舅的外甥，外甥见石头好看，就拿到镇上去卖，结果还真有人花五元钱买下了那块石头。石头能卖钱，这让老人很兴奋，从此就开始有意上山，去找带花纹图案的石头，老人也靠拣石生活并供养了两个大学生。

近年来，马力奇石吸引了武山当地及天水、定西、兰州、银川、河南、新疆、北京等地众多的奇石收藏爱好者。马力镇有奇石店十多家，如王守忠的石凸山奇石馆、韩荣平的聚艺斋石馆等，年交易量可观。韩荣平从事马力石时间早，手艺精湛。

三、漳县盐井叠彩石、石钟乳

（一）地理位置

漳县叠彩石最早发现于东泉乡上安，后在盐井镇碧峰、马鞍桥、麻子沟、韩川、赤牛坡等地也相继有所发现。

（二）地质特征

特殊的地质、特殊的成因、特殊的地貌，造就了漳县特有的奇石品种，如龟裂石、叠彩石、钟乳石、木化石、珊瑚石、贝螺石等。

石灰岩层多为薄层、中厚层，局部为厚层状，具微晶结构，矿物成分主要由方解石组成，粒径一般小于0.01mm。漳县奇石主要由方解石组成，含有少量褐铁矿和泥质物，表面不明显地分布着泥晶方解石的团状物。矿石中方解石为微晶状，粒径一般小于0.01mm，颗粒间呈紧密镶嵌状分布，或均匀分布，另有一些粒径为0.15~0.3mm的细晶方解石呈细脉状穿切岩石中。铁质黏土粉末状，大部分与方解石细脉在一起分布。少量沿岩石的裂隙浸于岩石中，偶尔可见到微粒状石英颗粒及生物碎屑。方解石含量为94%~98%，铁质、黏土含量为2%~4%。石灰岩化学成分总体稳定，CaO含量在49.45%~55.85%，MgO平均含量占1.00%。

（三）奇石类型

1. 叠彩石

石质细腻光滑，在乳白、灰白等浅色调底色上，分布有红色、白色、黄褐色等颜色纹理，如行云流水，又如彩霞晚照（图4-11）。沿条纹理剖面上由于层面和层理不平整，呈现出红白两种颜色组成的各种图案，或复杂多变的彩色条带，如飞龙在天，口喷烈焰，或如山川河流、云影波光、朝霞月辉，一石之中，气象万千，图案艳丽奇特，色彩浓淡适宜，丰富多彩，画面出神入化，美不胜收。一般顺色带切割打磨多为动物图案，垂直色带切割抛光多为山林图像。

图4-11　漳县叠彩石工艺品

2. 钟乳石

钟乳石，又称石钟乳，是指碳酸盐岩地区洞穴内在漫长地质历史中和特定地质条件下形成的石钟乳、石笋、石柱等不同形态碳酸钙淀积物的总称。其形成往往需要上万年或几十万年时间。由于形成时间漫长，对远古地质考察有着重要的研究价值。在石灰岩中，含有二氧化碳的水渗入石灰岩隙缝中，与碳酸钙反应生成可溶于水的碳酸氢钙，溶有碳酸氢钙的水从洞顶上滴下来时，分解反应生成碳酸钙、二氧化碳、水，被溶解的碳酸氢钙又变成固体（称为固化）。由上而下逐渐增长而成的，称为"钟乳石"，可入药。广西、云南是我国钟乳石资源最丰富的省区，所产的钟乳石光泽剔透、形状奇特，具有很高的欣赏和收藏价值，深受人们喜爱。

甘肃从陇南市到中部武山、漳县，向西到甘南藏族自治州古生代碳酸盐岩分布广泛，岩溶地貌发育，著名的有武都区万象洞、水帘洞和甘谷县大象山。钟乳石由于发育在特殊的溶洞中，温度湿度基本稳定，没有经历日晒风化，保存得完好精巧。采出者表面呈葡萄状、灵芝状、皮壳状等，造型千姿百态（图4-12）。

图4-12 漳县钟乳石标本

石钟乳以及洞穴观赏石是国家保护的资源，不允许随便开挖，禁止进入市场交易。石钟乳是2亿多年前形成的，其原始生长很慢，将石钟乳采出作为观赏石，将会对地貌及自然景观造成破坏，十分可惜。

甘肃陇南市气候湿润，石炭纪、二叠纪碳酸盐岩地层广布，溶洞发育，钟乳石资源丰富。尤以武都区汉王镇万象洞一带溶洞规模大，既具北国之雄奇，又有南国之灵秀，洞内奇特的钟乳石凌空垂悬，天然雕就的各类景物，形象逼真，具有极高的艺术观赏价值（图4-13）。

图4-13　武都区万象洞景观

3. 漳县金润玉

漳县金润玉岩性为黄色大理岩，呈鹅黄色，蜡状光泽，油脂光泽，晶莹如玉，嶙峋冰清，不透明至亚透明，暖色调，为未固结的深海岩石垮塌或沿断裂带充填贯入，后受海水热液或岩浆热源作用，二价铁变为三价铁，岩石变得质润色黄。石上有直径5mm大小的小孔，外围隐约呈同心环状生长结构，分析为类似石钟乳成液体下渗的管道。显微镜下观察，成分除方解石外，另有少量的赤铁矿，方解石呈小晶体不规则生长。金润玉质地细腻致密，色调柔和滋润，适合制作图章、项链、玉镯等工艺品和首饰。从武都到武山的二叠纪地层均发现该类玉石（图4-14），新疆哈密震旦纪地层中也有发现类似玉石。

图4-14 漳县金润玉标本

（四）开发现状

漳县观赏石开发较早，早期对叠彩石小规模开发，后来随着漳县水泥厂对二叠纪灰岩的开采揭露，大面积的观赏石被发现。在漳县离噎虎桥西500m河边的山村，村民家中多收有珊瑚化石，以及观赏石原石，公路边有加工叠彩石场地。离县城5km公路两侧的盐井镇杜家庄建有加工场地，并有集销售参观一体的较大规模博物馆。

四、北山风凌石、烧变岩

（一）产地

风凌石是中国大西北最具特色的奇石之一。该石生长在内蒙古阿拉善戈壁、新疆哈密地区及甘肃北山戈壁风沙口地带及河西走廊戈壁沙漠区域。

（二）石质特征

各类岩石经上亿年的风吹、雨淋、侵蚀，其千姿百态的造型具有奇石的瘦、漏、透、皱、清、丑、顽、拙、奇、秀、险、幽等特点。它大致分石灰岩、花岗岩、硅质板岩和玛瑙质等大类，该类岩石还是制作各种石料工艺品的上等材料，具有高度收藏和观赏价值。

风凌石的收藏价值越来越高，尤其是近年来到中国大西北收购此石的人越来越多，风凌石资源随之减少，它潜在的巨大增值价值也越来越明显。风凌石是奇石中造型最为丰富的一个品种，其造型变化比较大，一般都具备传统赏石的"丑、漏、透、瘦、皱"要素。结构有细条状、团块状、互层状或不规则的细纹理状等。由于硬软程度有差别，千百万年在强劲风沙的作用下，形成了各种造型。

风凌石形成过程漫长，戈壁的风沙就是它的天然砂纸和砂轮，分布区狭小，资源量十分有限。风凌石有的似景、有的似物。似景者有雄伟壮观的群峰，有白雪皑皑的冰峰奇景，常以灰黑色的石质构成山体，以白色覆盖在绵延的山顶或点缀在山坡上。也有的似古堡、石窟、石花等石品。似物者，静态、动态的飞禽走兽，如鹰、海马、龟等无所不有；人物如仕女、士大夫等形象。风凌石的微观结构绝妙，表现在复杂多变、惟妙惟肖及对微细景观的雕琢，每件石品都是大自然的唯一作品，无一雷同。风凌石无论规格大小，或似景、似物，均可配底座，无须任何加工即独自成景成型。随着我国经济的迅猛发展，人们生活水平的提高，收藏也开始顺势发展成炒股以外热门的增值产业，收购具有收藏价值的收藏品成为21世纪人们的热门"爱好"。

（三）地质成因

戈壁风，风速大，而且夹杂着细沙，年复一年地对地表岩石吹打、磨砺，这实际上等于大自然对岩石进行全方位抛光过程。其中，尤其出色的有玉化风凌石，通过自然之手，它们的表面被打磨得光泽如镜。在此过程中，不同的岩石由于质地不同、重量块度不同、所受风力不同和在风中运动的情况不同，而被加工雕琢成不同形状外貌，显示出不同的艺术效果，裸露出地面的风凌石被亿万年来日复一日的风沙磨得十分光滑，像玉一般，由此而成"玉化风凌石"。风沙的磨蚀仍在继续进行，又可成为三棱石或多棱石。风凌石的棱角多少，完全取决于风向的改变和石块翻动的次数。风凌石奇形怪状，锋芒尖锐，硬度很高，是干旱沙漠地区风力作用的杰作。颜色五彩缤纷，石英质的有的呈乳白色，有的淡黄，有的粉红；含铁质的漆黑，有的表面如涂有一层彩釉，棱角突出，但表面光亮，久经沧桑，古朴苍劲。

风凌石按质地主要分为岩石质地和玉化质地两种。相比岩石质地的风凌石，玉化后的风凌石质地更佳、色泽更润（图4-15），有白、黄、红、绿、黑等主色调，色彩亮丽而鲜活，润而不艳。形态亦奇，造型变化多端，奇姿异彩，妙趣天成。有的以纹理见长，形成不同色彩的动植物图案、意象文字、风景画面，似像非像，让人浮想联翩。

图4-15 北山地区玉化风凌石标本

（四）开发现状

甘肃北山风凌石，古铜色，其色如红铜一般，敲击声清脆响亮。其原岩为二叠纪火山岩，经两亿多年的日晒雨淋，风侵打磨，表皮光亮，多孔洞，见证了岁月的悠久沧桑（图4-16、4-17）。

酒泉地区的风砺石多分布在酒泉市金塔、敦煌、肃北及马鬃山等地各绿洲间的低山、残丘、戈壁、沙漠边缘，由于地势较平坦开阔，石体多暴露于地表，较易采集，但产量稀少。其石质常见有硅化蛇纹岩、碳酸盐化蛇纹岩、红柱石云母石英片岩、云母石英片岩夹变质砂岩、硅化灰岩、燧石灰岩、燧石大理岩、燧石、水晶、玉髓、玛瑙等，摩氏硬度在7左右；光泽晶莹，色彩花纹绚丽；表面凹凸不平，似浮雕、圆雕或镂雕；体量小巧玲珑、造型奇异，极具悬崖绝壁、怪石嶙峋之形态，也有一些酷似动物、人物；具有极高的观赏价值，更是制作盆景的佳材。

图4-16　北山风凌石工艺品及标本

图4-17　甘肃北山风凌石工艺品

（五）烧变岩

烧变岩又称火烧岩，多指受煤层自燃烘烤或烧熔的围岩。有白色、棕色和赤色，有的表面出现"琉璃瓦"状的光泽，岩性坚硬，不易风化，常成突起地形，可作为找煤标志。

甘肃烧变岩分布在肃北蒙古族自治县营毛沱戈壁，表面有一层薄壳熔壳如古老出漆一般。熔壳很薄，颜色为黑色。陨石表面气印的样子就像在泥团上按出的手指印。烧变岩表面都布有大小不一、深浅不等的凹坑，即熔蚀坑，以及浅而长条形气印，可能是低熔点矿物脱落留下的。用10倍放大镜观察，石陷上发现有很多的小的球粒。球粒一般有1mm左右，也有大到2~3mm以上的。含Fe3.10%，Mn0.04%，Cr0.10%，Ni0.09%，由硅酸岩矿物组成，基本无磁性。火烧痕迹特征明显，是人类探索自然奥秘不可多得的珍贵遗存，具有很高的科学研究价值（图4-18、4-19）。

图4-18 肃北蒙古族自治县营毛沱黑色烧变岩标本

图4-19 肃北蒙古族自治县营毛沱灰白色烧变岩标本

五、金塔县石板泉景观石、肉石

(一)交通

由酒泉到金塔大庄子乡(大庄子小学北行),道右经一烽火台至86km有矿管站,北行33km(右侧离十字约50m有牌子,斜左手0.7km),去M739铁矿前行见三岔路口,右边有无字牌子,至石板泉采石场,可找人带路。

(二)石质特征

石板泉观赏石有两种类型,即水草石、肉石。石板泉观赏石发现较晚,在开采大理岩板材及勘查铁矿时,发现石头断面如同树林山水,拣大块到酒泉石材市场加工打磨后,画面如山水画映在石上,非常美观,引起了酒泉玉石市场及周边赏石者的关注,很快在赏石圈中传开。目前仅发现可开采地一处,地表景观石已采尽,深部有较厚的黄色蜡石。精美的肉石至今未引起人们的重视。

(三)品种及评价

1. 山水景观石

山水景观石也可称为国画石、水草石(图4-20)。石面背景为白色底色的大理岩,黑色花纹如林如草,具有浓郁的国画笔墨意趣,又有质、形、色、纹等美观要素,一经切割打磨,纹理或如山峦或如河湖,兼工笔又写意,虚实相生,疏密得体,层次丰富,天然成画(图4-21、4-22)。石中图案逼真,栩栩如生,树木花草、山川河流、亭台楼阁,各类景观尽显石中,纹理千变万化,线条疏密相宜,浓淡适中,画面出神入化,美不胜收。

图4-20 金塔县国画石工艺品

图4-21　金塔县加工的景观石

图4-22　金塔县山水景观石

2. 肉石

金塔县所产肉石如真实的肉，有两种类型，一种如新屠宰置于厨房案板的新鲜肉（图4-23），石中表面似皮，毛孔清晰可见，天然自成，如未下锅之肉，属沉积岩的碳酸盐类。另一种似腊肉，其表面肉皮呈蜡黄色（图4-24）。金塔县肉石有皮有肉，肥瘦相间，层次分明，肉质纤维和筋络形象逼真，实属世间罕有。台北故宫博物院现收藏有一块著名的肉石，该石用纯黄金底座相托，据说蒋介石极为喜欢，1949年其逃往台湾时从北京故宫带走，后成为台北故宫博物院的镇馆之宝。

图4-23 金塔县肉石原石

图4-24　金塔县腊肉石标本

　　有些玉化黄色大理石已经达到金润玉，呈艳丽黄色，蜡状光泽，油脂光泽，具原始沉积的黑白色水波状条纹（图4-25），底部有小褶曲，原岩为未固结的深海沉积物垮塌发生褶皱变形，后受海水热液或岩浆热液作用，二价铁变为三价铁，固结成岩，岩石变得质润色黄。

图4-25　金塔县金润玉标本及工艺品

（四）地质成因

　　金塔县景观石、肉石原石形成于距今约14亿年前的元古代前长城纪北山海槽，质地为大理岩。受后期火山岩浆活动影响，岩石中所含铁、锰等物质沿岩石裂隙浸染、渗透，形成特有的纹理、色泽。纹理千变万化，画面出神入化，美不胜收。二价铁受热液及岩浆烘烤变为三价铁，形成黄褐色、黄色，锰含量高时，花纹颜色为黑色。

六、武都区纹理石

武都区纹理石为玉化大理岩，陇南奇石大致分为四个品种，分布在三个流域、一个地域，即文县白水江流域河谷石、宕昌岷江流域的纹理石、武都区白龙江流域的造型石、画面石以及成县、徽县红川镇、嘉陵镇嘉陵江流域园林石（图4-26）。

图4-26　武都区纹理石工艺品

七、祁连山七彩冰砾石

（一）资源分布

祁连山七彩冰砾石产于祁连山，因其色彩丰富艳丽而得名。

七彩石又名五谷丰登石、醒酒石，当地人也叫豆石。分布于自嘉峪关市至天祝藏族自治县长达数千千米，祁连山崇山峻岭、山前河谷及戈壁荒漠，其中品质好的主要在酒泉至张掖数百千米地段，在该区域河谷、山坡几乎随处可见冰砾石，但磨圆好、分选均匀、色泽图案好的极为稀少。人多去处已很难拣到心仪的上品，仅在祁连山自然保护区人迹罕至深山处，尤其雪水溪流里有时可见少量精品。

如今祁连山设有自然保护区、国家公园，生态红线不能触碰，那些未被人们发现的精美七彩石将封存山中，时下收藏及今后可能被洪水冲出的观赏石弥足珍贵。

（二）地质成因

祁连山冰砾岩形成于晚元古代，距今约7亿年。当时，地球上曾发生全球性冰盖气候的冰球事件，属大规模冰川作用发生时期。冰期后，又发生了热室气候事件。这种极冷极热现象，便形成了稀罕少见的冰砾岩。

祁连山冰砾岩赋存在震旦纪杨沟群下组，为一套与冰川活动有成因联系的岩类，厚度为124~207m，属复合冰碛砾层。下部为灰紫色粗—巨砾岩，砾径以1~20cm居多，大小混杂，为次圆及椭圆状，该类石质适宜做露天广场大景观及室内小摆件；中部为片状砾岩，多为椭圆状；上部灰色角砾岩夹灰绿色砂质板岩与结晶灰岩。

冰川通常规模巨大，搬运力强，随着冰川运动，冰山中包裹的已经磨圆分选的红色、绿色、白色砾石岩屑就随之漂移，随着冰块溶解逐渐下沉，经过水流和波浪作用，选择性失掉细颗粒固结形成冰砾岩。作为观赏石爱好者，笔者不禁感叹：七亿年祁连山沧海巨变，七彩冰砾石美不胜收。

（三）品质鉴赏

祁连山七彩冰砾石美不胜收，具有较高的科研及观赏价值。

1. 保存完好，科研价值高

全球范围内冰砾岩稀有，祁连山如此大范围保存下来的实属罕见，对研究地质演化、古气候科研价值高。

2. 色彩丰富，图案奇特

砾石成分多为白色大理岩、绿色火山岩、蛇纹岩、祁连玉、红色和浅绿色玉髓及碧玉、红色赤铁矿等，呈米粒、高粱、枸杞、葡萄状，浸在微透明胶结物中，一石数色，对比度强，天然成画，色彩斑斓，形状如泡有保健品的汉武御液酒一般，似乎散发着一股淡淡的酒香，受人喜爱。世界上能用冰砾岩做观赏石的唯独甘肃一家。

3. 圆润美丽

砾石分选好，基质微亮，圆润精致，视觉效果好。该类观赏石早期河流冲积运移砾岩已有较好磨圆度，经冰川搬运分选，不同时代、不同玉质、不同颜色，构成了一幅幅大自然美丽和谐的图画（图4-27）。

图4-27 祁连山七彩冰砾石工艺品

4.观赏价值高

一般情况下冰川砾岩多成分复杂，分选不好，砾石棱角分明，粒级变化大，砾石排列紊乱，观赏价值不高。但在祁连山地区，七彩石大的上百千克甚至数十吨，适合陈列于展览馆、公园、楼前等公众场所。小的数千克至数十千克，打磨加工后，适宜陈列在室内案桌、宾馆饭店，适合不同需求的玩赏者，为石中佳品。

冰砾岩产生年代久远，其内含各色砾石如五谷粮食延绵千里走廊，与冰雪水浇灌的绿洲那盛产葡萄、小麦、玉米的丰硕大地相辉映。莫非上天钟爱陇上，造就山上石如五谷，期盼地上粮食丰登。

八、永昌县梅花石

（一）产地

梅花石也称梅花玉，采自永昌河中，因其表面布满白色、淡绿色、褐色各色石斑，酷似梅花的花瓣花纹而得名。

（二）石质特征

梅花石质地坚硬，其底色油黑，间映褐、绿、白诸色，梅花连枝，栩栩如生，如繁星点缀，或如蝌蚪走游，呈现出美好画面（图4-28）。石中含铁、钛、锰，另含微量的镍、锌等元素。

图 4-28　永昌梅花石标本

（三）地质成因

梅花石是由侏罗纪火山喷出地表的岩浆冷凝而成。火山喷发岩在冷凝过程中，大量的气体在岩石中形成圆形或椭圆形气孔，形成杏仁状的安山岩。这些气孔被后来含铁的玛瑙、绿帘石、绿泥石、方解石或石英充填，而呈现出淡绿，白色或无色，经风化剥蚀，或流水碰撞打磨，便形成类似梅花般的精美图案。气孔之间常有的近似平行的细小裂隙，被矿物质充填后形成梅花的枝干，在安山岩灰黑色背景下，形成枝繁叶茂的图案。

九、文县、康县阳坝茶叶石

（一）产地

该类观赏石产于文县、康县燕子河、梅园河、太平河，笔者收集的标本来自康县阳坝镇河道中。

（二）石质特征

茶叶石因其形似茶叶而得名，其石质多为竹叶状灰岩和火山岩，石上有长短不一、宽度各异、颜色略有变化的茶状纹理，茶叶图案具浮雕感，茶叶疏密不同，排列无序，但茶叶线条清润秀美，观赏价值很高（图4-29）。

图4-29 康县茶叶石工艺品

（三）地质成因

该类观赏石成因类型主要有两类，一类是竹叶状灰岩，因此也叫竹叶石，其特点为截面有砾石呈竹叶状。在我国华北地台上寒武统崮山组曾出现过大量的竹叶状灰岩，如山东、江苏等地寒武纪灰岩中。该类岩石属碳酸盐类沉积岩，它的形成是由碎石集散于海里，经海水长年冲击、侵蚀，慢慢变成类似橄榄状碎石块，一般长0.3~10cm，后又经地壳运动、沧海变迁，渐渐被一种钙质胶结、黏合、挤压在一起。这些合成石块在地壳的变化中露出地面，受雨水冲刷、风化等外力作用而变成今天的模样。另一类是基性火山碎屑岩玢岩，是具斑状结构的中—基性（或弱酸性，如花岗闪长玢岩）喷出岩、浅成岩和超浅成岩的总称。以斜长石及暗色矿物为主要斑晶，基质多为隐晶质—玻璃质，如闪长玢岩、安山玢岩、辉绿玢岩等。产于陕西省汉中市宁强县燕子砭镇一带的嘉陵江中，石质硬度大，以淡绿或墨绿为底色属玢岩类。其原岩及规模有待进一步考察。

十、嘉陵江流域、白龙江奇石

（一）徽县嘉陵江燕子石

产于徽县嘉陵镇通天坪金矿周边严坪村东沟、大东沟及两当县云屏景区河道中。亮色方解石在黑色灰岩中如飞舞的燕子，故名燕子石。其成因为黑色灰岩在固结成岩时干裂，白色方解石充填进入裂隙中形成燕子状形态（图4-30）。

图4-30　徽县嘉陵江燕子石工艺品及原石

（二）西和县仇池石

仇池石主要分布于西和县仇池山附近。

仇池石产于石炭纪地层中，是一种柱状布满瘤状石质的石灰岩，表面有圆瘤或小孔洞，涡洞相通，嶙峋异趣，颜色为淡红淡绿，石质软硬相间，硬若玛瑙，软如吸水石。经抛光后，色彩绚丽，石质细腻，手感润滑，千姿百态，风采迥异。仇池石的"奇"就在它绝无雷同（见图4-31）。《云林石谱》记"仇池石"云："韶州之东南七八十里，地名仇池，土中产小石，峰峦岩窦甚奇巧，石色清润，扣之有声，颇与清溪品目相类。"仇池石又名仇池五彩石，它产于伏羲之乡——仇池，即今西和县大桥乡。

图4-31 西和县仇池石工艺品

仇池石品类繁多，神采各异，或黑色相间，或无色混杂。有的可做印石，比肩青田、寿山；有的可做石雕，玉润光洁；有的还可做建筑材料，耐磨美观。因石深藏深山，开采不易，难以观其全貌，随着开采的深入，仇池石的质地与用途将进一步被人们清楚认识。

（三）白龙江石

1. 分布范围

白龙江发源于甘南藏族自治州碌曲县与四川若尔盖县交界的郎木寺，流经迭部、舟曲、宕昌、陇南市、武都区、文县，在四川广元市境内汇入嘉陵江。由于流域流径蜿蜒绵长，两岸沟壑纵横，大小支流众多，加之水流湍急，为出产各类奇石创造了得天独厚的自然条件。出产的奇石主要分布在白龙江流域。

2. 石质特征

基本以卵石为主，石质坚硬，石体大小不一，大多为圆状、椭圆状卵石。以黑白二色为主，反差大，图案清晰，也有红、黄、绿等杂色，呈现在石体上的人物山水花鸟鱼虫等物象，神秘莫测，让人捉摸不定。

奇石种类有古生物化石、白龙江水墨画面石、白龙江造型石、文字石、胭脂石、草花石、各类方解石玉和各类纹理精美的结构石等。白龙江石画面清晰，黑白分明，动感强烈，人物、动物、花草树木、山水等倾其世间所有。其原岩为西秦岭广泛发育的沉积岩、火山岩、浅变质岩系，以石灰岩、白云岩、变玄武岩、凝灰岩、板岩等为主。

3. 石质类型

（1）文县中庙乡竹林河谷石

文县中庙乡竹林与武都洛塘区龙尾坝接壤河段，即洛塘河流的终端2~3km峡谷，聚集了数量可观、体形硕大、具有一定观赏价值和经济价值的河谷石。洛塘河水流缓慢，清澈见底，峡谷两侧灌木茂盛，河流终端与碧口青峪沟交汇处的河谷石经过千百万年河水的润泽、磨砺、碰撞、冲刷和挤压，形成一块块片状河谷石。其中一部分呈浅绿色，大多为墨绿色，与周边的绿山、绿树、绿水及地质、地貌特征相吻合（图4-32）。此处河谷石完整高大、凝重庄严、光润典雅；石表处生有淡黄色奇幻多变的凸起斑纹，自然流畅，如巨龙撼天动地，惊心动魄；似大河万壑争流，如闻涛声；像绿山千峰竞秀，满目青翠。现竹林河谷石资源已荡然无存。据说早在1998年，一些独具商业眼光的南方人，开辟便道，使用卷扬机、吊车、大型载重车等机械，前后近5年时间拉运河谷石。因其体形高大，有的载重车仅承载一块，最多的运载3~5块，送往广元上火车，销往湖南、广州、香港。竹林河谷石融色、质、形、神为一身，独领风骚，是陇南奇石中的佼佼者。作为国家资源远走他乡，成为"镇宅"之宝，是陇南的骄傲。然而，作为原有产地唯一的、罕见的河谷石不复存在，又是陇南不可挽回的损失，奇石爱好者为此深深眷恋和遗憾。

（2）宕昌县岷江纹理石

岷江在甘肃属白龙江支流，宕昌县岷江中上游的理川、南河沟、大河坝等河流蕴藏较丰富的纹理石。因其匀称的黑色条纹与土黄色的质地疏密相间，似斑马身纹，故称"斑马石"（图4-33）。此石种石质坚硬、光滑、圆润，石体完整。无论重达几吨或拳头般大小的"斑马石"都具有线条宽窄均匀、弯曲有致、纹理清晰、活而不板、质地坚硬的特点，具有一定的观赏性，是陇南奇石文化中一朵亮丽的奇葩。

图4-32　文县中庙乡竹林石　　　　　　图4-33　宕昌县岷江纹理石

（3）白龙江象形石画面石

　　白龙江上游即宕昌两河口至文县临江近120km的河段，蕴藏着一定数量的造型石（包括形象、意象、抽象石），似人、似神、似龟、似龙，形态惟妙惟肖。画面石的人物、花鸟、鱼虫、飞禽、走兽图案栩栩如生，数量可观。而山水图案的画面石却少得出奇，在玩石者手中为数不多。白龙江石有两大鲜明特点，首先是黑白反差分明，其黑如漆、白如雪，线条、图案清晰，绝不混淆。其次要凸出石质表面的浮雕不深不浅、恰到好处，凸起的浮雕勾勒出十分鲜明的轮廓，使其石头具有立体感，倍显精神、颇具独特性，因而深受奇石爱好者的青睐和宠爱（图4-34）。

　　白龙江石无论是造型石、画面石，其石质均坚硬，而且大多数是卵石（卵石是地壳表面呈圆状的小岩石或矿物碎片），呈圆状、椭圆状等。画面明快亮丽，一清二楚，不假思索便可知其内容。与黄河石含泥沙量较重相反，

图4-34　白龙江象形石画面石工
艺品

白龙江石却如清水出芙蓉,揩以少许油脂愈加光亮可鉴。另外,大多白龙江观赏石体形较小,具有易搬迁、易储存的特点,便于集中陈列展览。

嘉陵江流经徽县区段水势平稳、沙滩广阔,奇石资源丰富。有血红、铁黑、艳紫,兼有紫红、黄、棕、褐等多种暖调石色,是一族品类丰富、石质细密而坚韧顽拙,且色彩斑斓的奇石聚集地。

十一、祁连雪浪石

如图4-35,该观赏石采自肃南裕固族自治县石居里铜矿沟口溪流中,属于水冲石。

石质为黑色灰岩,黑地白脉,纹理隐约多变,形成奇特的色彩和纹饰。白色方解石细脉穿插于薄弱的灰岩层面或小断裂面,如雪落山间,隐约而不张扬,其间夹有绿色天河石脉呈香肠状镶嵌,丰富了石头画面。黑中显缕缕白浪及浅绿色水珠,形似溪流瀑布,浪涌雪沫,或如龙游云中颇具动感。经构造变质作用,石面有似天工刀砍裂纹,或类似山峦小褶曲,有风化剥蚀的肃穆古朴,凝重深沉。石中图案经河水千百万年磨砺冲刷,在清澈的流水中十分耀眼,精美如山水画一般。

图4-35 祁连雪浪石

该类奇石十分珍稀,在祁连山逗留十日,仅见此石。捡拾后一直留意,但遗憾的是此后再无收获,望有心人关注。石中含铁、钛、锰,另含有铬、镍、锰等物质。加工时宜先用石胶煮,然后打磨上光,不胶煮易碎,也不宜过分加工修饰。

十二、姜石

姜石,也叫料僵石,在甘肃东部秦安县一带。山东等地因其形状似食用生姜,称其为姜石。是黄土层或风化红土层中的钙质结核,主要的矿物成分就是方解石、白云石、石英和黏土矿物,有的还含有少量褐铁矿,滴稀盐酸起泡强烈。在秦安一带黄土沟谷、山畔多有产出。颜色以白色较为多见,黄色、黄褐色等多为上品。形态多种多样,有球状、卵状及不规则状。姜石的形成时代广泛,以第四系黄土地区多有所发现。其形成原理为大气降水或者地下水溶解了较多的碳酸氢钙,在运移的过程中,沿着某一个土块、沙粒点开始凝聚,从里向外开始逐渐长大,并和地层中黏土或砂粒胶结在一起,形成大小不一、形态各异的姜石结核。

姜石在观赏石分类中属于形象石类,是比较典型的造型石。在大自然的鬼斧神工下,形成了很多像动物、植物的形状,还有很多人形的姜石,一直受奇石界的追捧(图4-36)。

图4-36 秦安县大地湾料姜石标本

姜石作为一种中药，具有清热解毒消肿的功效，也有人用来泡水或沏茶。甘肃中部定西市、秦安县等干旱少雨，男子多身体强健、精明干练，而陇南市两当、徽县一些灰岩林区，女人皮肤细润、天生丽质，部分男子却低矮、木讷，水文地质专家及医学专家认为多与水质有关，两当县曾经有地方病——大骨节病、氟中毒。

姜石也是一种古老的建筑涂料，天水市一带20世纪80年代前，乡村的人经济条件差，没钱买水泥及涂料，勤快的人就在沟畔拾一些姜石捣碎研磨后，如涂料一般处理灶台面、地面，亮丽光滑，美观的同时可防潮防水。大地湾6000年前的大厅地面材料也是姜石，古人将姜石作为建筑涂料的时代久远。

十三、嘉峪关彩石、泥石

（一）嘉峪关彩石

主要分布于嘉峪关市文殊镇的北大河道中。赋存于北大河流域的现代河床中，岩石成分以变质岩类硅质岩为主，主要有玉髓、玛瑙、石英、碧玉、蛋白石等，经多年风化和水浪冲击等自然雕琢，形成了千姿百态的形体和独特的色彩、纹理，具有特别的视觉效果和艺术价值（图4-37）。

图4-37　嘉峪关彩石工艺品

（二）雄关泥石

1. 产地

奇石散落于嘉峪关北大河中，多为火山喷发沉积的碧玉岩及沉积岩的泥质岩类。

2. 石质特征

由泥质岩构成，质地坚密细腻，形态各异，呈似扁条或叶状，棕红、红褐、褚红等色，块体大小5~30cm，有水纹或草状纹理。奇石表面细润，有薄薄的包浆，手感极好。石中含铁，另含微量钛、锰等成分。

3. 地质成因

雄关泥石为侏罗纪火山喷发沉积的碧玉岩及沉积的泥质岩，经漫长的地质风化、搬运破碎后，因风沙长期吹蚀磨砺和雨水淋漓、日照风化而形成。其表面光滑并有细纹理的流水线槽，是西北风向数万年风力侵蚀作用的特征。

4. 鉴赏特征

雄关泥石是目前甘肃玉门市至嘉峪关一带大漠石，具有极高的收藏投资价值。

（1）形成条件苛刻，产量稀少

目前在国内仅新疆发现类似奇石，其他地方的地质条件、气候等难以形成。该石以棕红色、带有细纹理者为佳。

（2）形质色纹的和谐统一

泥石造型一般简单，象形石少，但它是一种极佳的抽象类观赏石，特别是它的皮和纹，给人一种神秘、古朴的美感，充分体现出了其抽象美。随着奇石爱好者鉴赏水平的不断提高，这一优秀石种不断被看好。它那古朴沉静的颜色、奇幻莫测的图纹，特别是它与紫砂相媲美的质地和包浆，令无数人为之陶醉（图4-38）。

图4-38　雄关泥石标本

十四、模树石

（一）天祝藏族自治县西石门萤石矿玉髓上模树石

模树石多产在板岩中，而该矿在灰白色的玉髓上，质地细润坚硬，属模树石的上品。

模树石距今数亿年，在漫长的地质活动中，含氧化铁、氧化锰的溶液在一定的温度和压力作用下，沿着岩石的节理、裂隙及层理等空隙处渗透、扩散，历经长期沉淀固结后，形成在岩石表面的岩画。多呈现松树形、柏树形或树与草密集成群状（图4-39）。千姿百态的形象图案，有"龙骨化石"之称。模树石又称树枝石，我国古人叫松石、松屏石、醒酒石、婆娑石等。它们虽然不是植物化石，但其形其状，往往比植物化石更像真的植物。由于它的"叶脉"平和，"树叶"变化万千，色泽尚有微妙的金属感，因而在奇石中独树一帜。模树石画面古朴、典雅清逸、妙造天成，它是自然界赋予我们的宝贵财富，是不可再生的，它被称为远古天然彩墨石画的岩石。在岩石画面上，单株的似天河山草，成林的劲松挺拔；恬静淡雅有如山村乡野，壮美雄伟好似巍巍崇岳；既有工笔写实之妙，又有泼墨写意之韵。连色彩的浓淡调和、透视关系上的近大远小都很合乎现代绘画的要求，大自然的鬼斧神工，美妙绝伦的造化，让人拍案叫绝。

模树石矿藏资源非常有限，而能形成优美画面的更为稀少，在寻觅中能得到保持完整、形态巨大者则更为凤毛麟角，非常珍贵。所以它被誉为永不褪色的国画，是奇石中可遇不可求的收藏精品。

在天祝藏族自治县西石门萤石矿有伴生玉髓产出，块状构造，隐晶质结构，属白玉髓，灰白—灰色，成分单一，显微镜下观察，玉石中含少量赤铁矿、锰矿物，微透明—半透明（图4-40）。

图4-39　天祝藏族自治县西石门模　　图4-40　天祝藏族自治县西石门白色
　　　　树石标本　　　　　　　　　　　　　　　玉髓标本

（二）武山县马力镇模树石

石质呈黄褐色，表面溶蚀小洞发育，上覆白垩纪红沙土中红黑色铁锰矿物残留在岩层表面或沿岩石裂隙渗透沉淀形成独特美妙的图案，高雅素洁，简洁凝练，呈树枝状生长，似深秋金黄色的胡杨林绚丽（图4-41）。天然自成画卷，龙骨石画，天绘林木，虽大师级画家不及也。画面似植物化石，但仔细观察无根、茎、叶之分，也无植物特有的细微构造，从中可辨出其非植物化石。马力模树石为大理石岩但富硅，石质坚硬，颜色对比丰富，且有国人偏爱的金黄色如金水泼面，富贵，图案纹饰美丽，实属收藏中的佳品（图4-42）。

图4-41 模树石标本

图4-42 模树石标本

第五章　造型石

一、戈壁石

甘肃戈壁石主要分布在酒泉市的肃北、瓜州等，该区与内蒙古、新疆相毗邻，广阔无垠的戈壁滩上岩石裸露，风沙大。

甘肃戈壁石出露地层主要为石炭、二叠、志留—奥陶纪火山岩、浅变质岩，还有硅化木。经历了数亿年的地壳运动后形成了绚丽多姿的"大漠奇石"，也称为戈壁石、风凌石、风砺石等。其石质以灰色岩石为主，经风沙的塑造，造型丰富，形态万端，是观赏、收藏、交易的绝好石种，亦是制作盆景的绝好材料（图5-1）。

图5-1　戈壁石工艺品

二、石灰岩类观赏石

（一）武都区西太湖石

主要分布在成县的甸山、鸡峰山等地，武都区、宕昌县、陇西县等地也有发现。

原石多为石炭—二叠纪石灰岩，经历长期地下水的溶蚀、冲刷，形成溶沟、溶坑和溶孔，造就了岩石的奇特造型。石质较坚硬，颜色多为青黑，灰白或白中带黑，黑中带白，形状大多玲珑剔透，完全具有太湖石"皱、透、漏、瘦"的特征。《云林石谱》阶石："阶州白石产深土中。性甚软，扣之或有声。大者广数尺，土人就穴中镌刻佛像诸物，见风即劲。以滑石未治，令光润，或磨砻为板，装置砚屏，莹洁可喜。凡内府遣投金龙玉简于名山福地，多用此石，以朱书之。"

在陇南市武都区马营乡的高山区，产有大型风洞型园林石，此外还有火山岩、硅化木等奇石。在一处奇石堆积点，高达3m以上的园林石令人叹为观止（图5-2）。

图5-2　武都马营乡西太湖石露头

以上奇石，仅仅只是陇南较为典型、储藏量大、具有一定观赏和经济价值的奇石，此外陇南市奇石爱好者在文县碧口镇的白龙江、成县东河、西和县犀牛江、徽县嘉陵江等流域，武都上黄、姚寨、坪牙，康县阳坝镇、礼县白河镇等地发现并收藏数量可观的象形石、板岩石、木化石等各类具有一定观赏价值的石种，陇南奇石分布地域之广、石种众多，令人欣喜。

（二）成县红川镇园林石

成县红川镇属徽成盆地，盛产园林石。因具备了太湖石特点，又被称为陇南的"太湖石"，是点缀园林的上等奇石。成县红川镇从黄土高坡出土的园林石，体态硕大、形奇体异、千姿百态。其特点：一是"漏"，右偏石斜、前伸后张、该实则透、该虚则漏，奇形怪状；二是"透"，大孔小穴，贯穿相通，有"天人合一"意境，八面玲珑之感，更有通天达地的意境，使人不禁领悟到"天无绝人之路"。

其石在武都区隆兴乡的牛蹄关山梁一带也有发现，有些形状如牛蹄形凹坑，也许是"牛蹄关"传说的来历，后因修路已被埋没。武都区龙坝乡铁山一带的高寒阴湿山岭中，储藏园林石，藏在深山人未识。近年来，成县红川镇部分村民"转业"，"石农"应运而生，采集当地园林石，销往全国各地，带来丰厚的经济收入，成为当地一项蓬勃兴起的产业，前景可观。陇南市武都区马营乡的高山区，产有大型风洞型园林石（图5-3）。

图5-3　成县园林石景观

图5-4　康县类白灵璧石工
　　　艺品

（三）康县类白灵璧石

主要分布于康县的阳坝镇。新元古代早期的火山岩、碳酸盐岩长期遭受地下水的溶蚀，岩石奇特造型，以黑色、灰黑色为常见，仍有少量白色或其他色彩者。某些灰黑色石体上分布有多种灰白色纹线，有黑色灵璧石敲之有声者（图5-4）。

（四）天水市麦积区街亭上水石

上水石又名吸水石，学名为碳酸钙水生苔藓植物化石。实质是沙积石钙华，它的主要成分是碳酸钙。石灰岩经地下水或地表水溶解，形成过于饱和的碳酸钙溶液，再经过自然界物理、化学的作用，过于饱和的碳酸钙溶液慢慢沉淀，便逐渐凝聚形成了吸水石。多产于灰岩区，甘肃天水的街亭、武山、漳县、临洮等地都有产出。该类石质软而脆，吸水性特别强。由于软而脆易于造型，可随意凿槽、钻洞、雕刻出各式各样的形状。其天然洞穴很多，有的互相通气，小的洞穴如气孔，这就是吸水性强的主要原因。吸水石可以散发湿气，用它造假山或盆景，都有湿润环境的作用。吸水石上可栽植野草、藓苔，青翠苍润，是制作盆景的上好石材。吸水石深受大众喜爱，具有较高的收藏与观赏价值。

天水上水石产于天水市麦积区街亭一带。该石颜色呈棕红、土黄、橙黄等色，质地较软，带有许多洞孔，显蓬松状。石体上布满纵横交错的管状孔，可加工成奇峰异洞等景观造型，观赏性极佳（图5-5）。

图5-5　天水上水石景观

（五）陇东平凉市水锈石

水锈石，是碳酸钙、碳酸镁经二氧化碳反应数千年自然形成，含多种养分。该石周身千孔百洞，人工雕刻更加别致，可加工雕刻多种工艺盆景。植入水中种植花草、植物并与根雕搭配，可开发高、中、低档工艺盆景，为居室、花园、园林提供假山。在甘肃陇东叫"长石"，生成于阴湿冷峻的山岩或沟壑中，整体呈淡黄色，表面凹凸不平，空隙类似不规则的蚁穴，结构似松散，实际牢固，是制作山水盆景的最佳选材之一。水锈石虽藏在深山，运输也不甚方便，但它比较容易琢取，因为人们还未认识它的开发价值，成本比较低廉。同时，琢取它对地貌及大自然不会造成破坏性的后果。

水锈石容易雕琢成型，只要你胸中有峰岭岗峦、悬崖峭壁或岩洞奇石，加之你手上有一定的技艺，那么一个如意的山景奇观便会呈现出来，令人赏心悦目。

水锈石的吸水性极强，这是它最大的优点，置入有水的盆景"盆"中，那水便会无孔不入地向山体滋润浸透。这时撒在"山"上凹处或"蚁穴"的花草种子，在适宜的温度下便会生根发芽，开花乃至结果。更奇妙的是，时间稍长一点，整个"山"体便会被一层深浅不一的苍绿色苔藓覆盖。与色泽鲜艳的"楼台亭阁"或其他配件相映成趣。如果盆中的水色清澈，再点缀些相应的景物，其景奇境，呼之欲出，给人以赏心悦目的美感（图5-6）。

图5-6　平凉水锈石盆景

第六章　文房石

一、洮砚石

（一）资源分布

洮砚石主要产于甘南卓尼洮砚乡一带，最好的老坑石就产在洮砚乡喇嘛崖和水泉湾崖底深水处，岷县和临潭县也有少量出产。

图6-1　被淹没了的宋代老坑喇嘛崖

（二）基本特征

洮砚石为下石炭统水云母泥质板岩，主要矿物为石英，另有少量赤铁矿，矿物粒度小于0.01mm，结构致密。石质细腻，发墨而不损毫，磨面不光，色泽碧绿，石面呈现微黑色的水波状花纹，以波浪翻滚、卷云连绵、千姿百态、清丽动人而闻名于世。

淡褐色为致密含泥质粉砂岩，致色元素为褐铁矿，局部无色石英富集，呈斑团状分布。

  洮砚始采于宋代,因多数砚色绿又称为绿石砚。砚石取材于深水之中,开采难度极大,属珍贵的砚材。与广东端砚、安徽歙砚、山东红丝砚并称为中国四大名砚。苏东坡赞洮砚"洗之砺,发金铁。琢而泓,坚密泽。郡洮岷,至中国。弃予剑,参笔墨。岁丙寅,斗南北。归予者,黄鲁直"。黄庭坚赞赏洮砚,"洮河绿石含风漪,能淬笔锋利如锥","莫嫌文吏不知武,要试饱霜秋兔毫"。

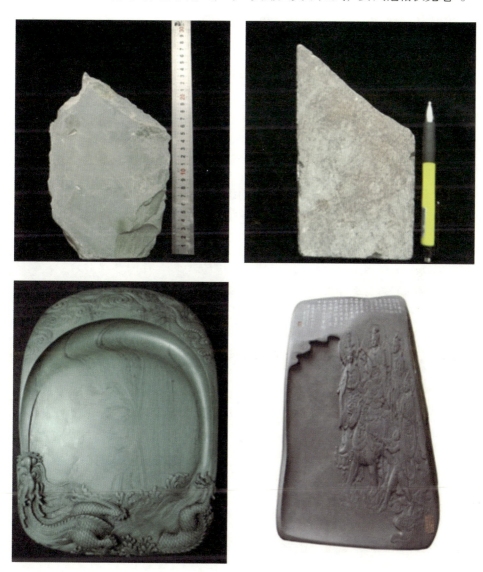

图6-2 绿色、淡褐色洮砚原石及洮砚作品

（三）质量评价

洮砚颜色丰富，以青绿色较多，有翠绿、深绿、墨绿、淡绿、灰绿等，兼有褐色、黄色。按颜色可分为绿洮和红洮两类，褐红色的称为紫石，极为珍贵。绿色洮石是主流，有四大名贵品种。

1.鸭头绿

也称绿漪石，色绿，有水波状纹理，石质坚细，莹润如玉，是洮石上品，如在绿色中夹有黄色条纹则更为珍贵。

2.鹦鹉绿

色深绿偏灰，石质细润，其中带有深色的湔墨点。

3.柳叶青

色绿略带朱砂点，石质坚硬。

4.淡绿色洮石

具有渗水慢的特点。

洮砚石长年被河水浸蚀，石质坚而细密，肌理致密，色彩典雅，沉积纹理清晰，似波浪翻滚，卷云连绵。叩之无声，呵气即湿，有诗称"洮州石贵双赵璧，端溪歙州无此色"。

洮砚之名贵除了石质优良、色彩绚丽的优点外，还因其砚形繁多，雕刻精细，制作工艺考究，工序繁多。洮砚端庄大方，古朴典雅。砚形有人物山水，花草虫鸟等。可大可小，大的可供庭堂，小的可呈书案。可惜因甘肃无大师级的工艺师，近世无名砚传世。

洮砚原料或取自河底，或取自石井峡谷，或于喇嘛岩侧凿坑取之，开采环境不同，砚材分布广。受层状地层控制，临洮、临潭一带的地层多呈北西向展布，若垂直洮河河谷走向，沿东西两翼追索寻找砚材，可免出河底崖畔采矿之艰险。建议适当开展必要的地质工作。

二、徽县、成县栗亭砚石

（一）产地分布

分布于徽县的栗川镇、伏镇、泥阳镇及成县鸡峰山一带。

（二）基本特征

徽县栗亭砚特点是以栗子色为主，兼有灰黑黄等色，经工匠雕琢后形成富有文化色彩的工艺品（图6-3）。徽县、成县位于甘肃省东南部，长江流域嘉陵江水系上游，四季分明，温和湿润。今徽县伏镇川古名栗亭，因其地盛产野栗而名。宋代所称成州栗亭，应为今徽县伏镇、栗川、泥阳等地。

图6-3　徽县栗川镇石砚

（三）历史记述

成州（今甘肃陇南成县）栗亭石砚，其砚石取材于古栗亭县砚材旧址。石质稍坚，色如鲜栗，栗亭砚、栗玉砚，最早均可见于宋代米芾的《砚史》。《砚史》云："色青，有铜点大如指，理慢发墨不乏，亦有瓦砾之象。"清代沈清崖在《洮河砚诗》中评述道，栗色洮砚"肌如蕉叶嫩，色比栗亭深"，将栗色洮砚与栗亭砚比较；《肃州志》载述："嘉峪山石砚相仿于栗亭砚"。此外，清代马丕绪《砚林脞录》，台湾陈大川《砚》等砚著中亦有栗亭砚、栗玉砚之记载，砚著所谓栗亭石，主要有灰、栗二色，以栗黄、灰青居多，均为制砚之佳料。栗亭石，因灰、栗色质之异，所成砚品分称为栗亭砚、栗玉砚。栗亭石，石源较为丰富，将为甘肃继洮砚石源竭缺之后续制砚之材，资源丰富，开发前景广阔。栗亭石料所制成的砚台，其色呈青色，且有如铜色之点，大者有指尖那么大。石质温润、纹理隐约其中，生光发艳，墨如油泛，不滞不结，常如新成。栗亭砚还有瓦碎的特殊视觉效果，石纹清晰可辨，奇幻美妙。

栗亭石、栗玉砚石料的产地，徽县文化馆对其石料资源进行了普查。终在今徽县栗川乡栗亭村双河口处查实栗亭石产地，在民间寻得古栗亭砚一方，该砚与《砚史》记载之栗亭砚相吻合；在今徽县伏家镇郭庄村发现了古人采集栗玉砚石料的场地及遗址。截至目前，试制"栗亭砚""栗玉砚"30余方，每方价格在1000元至2000元之间。

在定西市陇西县也产有红石砚（木纹石砚），红石木纹漂亮，发墨性能佳。洮砚中以其他石冒充者，其色只能稍近于灰绿色石和淡紫石。至于其他如碧绿、辉绿、翠绿诸色，一般不易以赝充真。冒充灰绿色洮石者，多为采石点的围岩，冒充淡紫石者，有围岩石和新城镇东山红石等。

三、嘉峪关砚石

嘉峪石砚产于嘉峪关市河西走廊中段的黑山，又称嘉峪山。山后有峡，峡中溪流蜿蜒，长达百余里，两面黑岩壁立。砚石产于下奥陶统阴沟群碎屑岩地层中，为泥质板岩，矿物成分主要为石英、长石、绢云母、高岭石、绿泥石等，故砚石呈青、绿、黄、赤、紫诸色，色彩绚丽，结构致密，质理亦很润泽，青、绿、赤、黄等条纹的石料，为制砚上等良材（图6-4）。

远在1700年前已作为砚石。《肃州志》载："嘉峪山石砚相仿于栗亭砚，其石出于嘉峪山，俗称'地溜石'，有显著特色，质地润泽，既不费墨，又不费笔。"从近年嘉峪关文管所发掘的魏、晋墓葬遗物中画师所用的砚，考证乃为嘉峪砚石。

图6-4　嘉峪关砚台工艺品

第七章　化石

一、珊瑚化石

珊瑚是由生长在浅海里的一种低级腔肠动物珊瑚虫分泌出来的大量石灰质堆积而成，多呈树枝状，断面有同心层状花纹。其化学成分为碳酸钙，主要以方解石的形式出现，硬度为3.5~4，密度为2.60~2.70 g/cm³。不耐酸碱。珊瑚主要有红、白、绿、紫等颜色，其中以颜色纯正的红珊瑚为上品。珊瑚质地细腻柔韧坚实，可用来雕刻工艺品或镶嵌首饰，还可入药。在亚洲，珊瑚的主要产地在日本到中国台湾一线海域，海南岛及西沙群岛亦有出产。

珊瑚化石分为横板珊瑚和四射珊瑚两个大类，常伴生出现。四射珊瑚是已经绝灭的一类珊瑚，产生于奥陶纪到二叠纪。骨骼具有纵向的隔板，而且隔板的数目为4的倍数，故名四射珊瑚。骨骼分为单体和复体两种。单体四射珊瑚的骨骼有盘状、荷叶状、弯宽锥状、弯柱状、曲柱状、拖鞋状以及方锥状等。复体四射珊瑚的骨骼由若干个体珊瑚骨骼组成，不同形状反映了珊瑚不同的生活习性和环境。横板珊瑚最早出现于晚寒武世，繁盛于志留纪、泥盆纪及石炭纪，古生代末绝灭。

甘肃珊瑚化石主要产于西秦岭地区嘉陵江、白龙江流域的两当、徽县、成县、武都、宕昌、舟曲县等，祁连山地区也有发现。

（一）两当县珊瑚化石

两当县珊瑚化石产于柳梢沟、郭家沟、云屏一带。

天然花纹十分迷人，花纹因珊瑚的大小、种类的不同而产生不同的天然花纹图案，或呈放射状，或呈卷纹状。而玉化矿物由于成分不同，其颜色也多姿多彩，其中花型花瓣清晰、排列紧密。玉化后的珊瑚玉之美独一无二，不论是原石还是成品，可赏质色，可赏纹理，是沧海桑田的见证。磨制抛光后可雕刻成各种工艺品，或制成图章石，精美悦目（图7-1、7-2）。

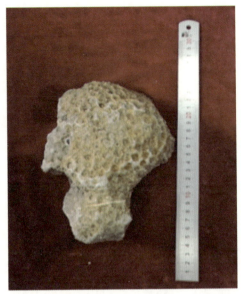

图7-1　淡褐色珊瑚化石

图7-2　两当县云屏珊瑚化石标本

（二）漳县化石

漳县化石群有三类：大草滩乡泥盆纪—二叠纪以鳞木为代表的植物化石群；四族乡奥陶纪—二叠纪以珊瑚、贝螺为代表的海生化石群；金钟镇纳仁沟珊瑚化石群。

漳县鹦鹉螺、漳县直形贝、珊瑚、菊石、硅化木是典型品种。鹦鹉螺化石为海生无脊椎动物，是极其珍贵的观赏贝类，因贝壳表面有赤橙色火焰状斑纹，酷似鹦鹉而得名。通常栖息在深海底层，主要以蟹类、虾类和海胆等为食。最早发现于寒武晚期，奥陶纪最盛，种类繁多，分布极广，此后逐渐衰退，世界上只存在鹦鹉螺一个属三个种。石质为石灰岩，色差对比度鲜明。画面也较丰富，出露的角度不同，有的像鹦鹉，有的像动物，也有的像八卦图。

二叠纪西秦岭浅海环境，古生物化石丰富，在较平静的海洋中生活着众多珊瑚、腕足等生物，有些腕足与豆类结核在较平静的海水中沉积，后期沉积物在其周围呈纹层状生长，形成同心环状构造如莲花绽放，豆砾为花心，同心环层状条纹为花瓣。固结成岩好的石质沿剖面打磨抛光图案非常精美（图7-3、7-4）。

图7-3　鹦鹉螺化石产出露头、化石标本及工艺品

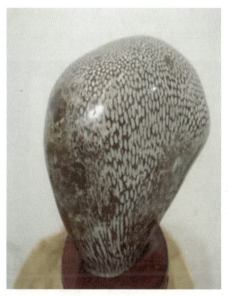

图7-4 珊瑚化石工艺品

（三）武山五彩珊瑚化石

珊瑚化石石质细润，打磨后表面光滑，如图7-5，倒立如大仙自天而降，聆听佛祖念经讲法，石中有极细微的红白黄褐相间的条纹，如盛唐时自西域远道而来着五颜六色盛装的各国使臣，八方来朝，齐聚长安，万国风物尽现一石。部分条纹或为石钟乳成因。

图7-5 五彩珊瑚工艺品

二叠纪西秦岭古生物化石发育，在较平静的海洋中生活着珊瑚、腕足等生物。有些腕足与豆类结核在较平静的海水中沉积，后期沉积物在其周围呈纹层状生长，形成同心环状构造如莲花绽放，豆砾为花心，同心环层状条纹为花瓣。固结成岩好的石质沿剖面打磨抛光图案非常精美（图7-6、7-7）。

图7-6　化石标本

图7-7　珊瑚化石工艺品

（四）肃南裕固族自治县珊瑚化石

肃南珊瑚化石分布于羊露沟一带（图7-8），在张掖市黑河中也可见。笔者从牧民处收集到一件牛角珊瑚化石（图7-9），牧民捡拾于肃南裕固族自治县羊露河半山坡，当时以为是一小牛角。其长8cm，直径4cm，外形似牛角状，体表面外壁具密集的横向环纹，横断面上见数十百条辐射状排列的隔壁。其形成时代为古生代泥盆纪，距今近4亿年。牛角珊瑚十分珍稀，观赏价值居单体珊瑚之冠，为收藏家所瞩目器重。

图7-8　肃南裕固族自治县珊瑚化石

图7-9　肃南裕固族自治县祁连山牛角珊瑚标本

二、硅化木

硅化木，是数亿年前的树木出于种种原因被深埋地下，在地层中，树干周围的化学物质如二氧化硅、硫化铁、碳酸钙等在地下水的作用下进入树木内部，通过交代作用，替换了原来的木质成分，保留了树木的形态，经过石化作用形成了木化石。因为所含的二氧化硅成分多，所以，常常称为硅化木。硅化木的形成是硅取代木纤维的过程，它保留了古代树木的某些特征。硅化木从古生代石炭纪（始于距今3.55亿年）到中生代白垩纪（结束于距今6500万年）之间均有分布，为我们研究古植物及古生物史和地质、气候变化提供了线索。

甘肃硅化木主要分布于玉门市、肃北蒙古族自治县马鬃山一带，在西秦岭地区的文县、康县也有发现。

（一）康县嘴台镇硅化木

主要分布于康县嘴台镇的河坝中。赋存于石炭纪地层，它保留了树木的木质结构和纹理，颜色为土黄、淡黄、黄褐、红褐、灰白、灰黑等，抛光面可具玻璃光泽，不透明或微透明（图7-10）。

（二）碌曲县尕海硅化木

在甘南藏族自治州碌曲县尕海湖边，2亿年前二叠纪木化石，树木的木质结构、纹理年轮清晰逼真，中间

图7-10　康县嘴台镇硅化木标本

凹进的黑色结节让斑黄平淡的木化石显得灵动（图7-11）。原本易质变腐烂的木头，经过石化置换竟然变得生而不朽，与山岳长存。由于青藏高原的抬升，海枯石烂，沧海变高原，一系列地质变迁皆缘于印度板块的俯冲作用。

图7-11　碌曲县尕海硅化木标本

（三）玉门市红柳峡硅化木

　　甘肃省在玉门市建立了玉门硅化木省级地质公园，位于玉门市西北约80km红柳峡一带。该园区地处河西走廊西端，挟持于北祁连造山带与阿尔金走滑断裂之间的盆地。盆地内沉积了巨厚的侏罗纪—白垩纪河流、湖泊和沼泽沉积，距今1.4亿年。地层中产有丰富的热河生物群。其中，硅化木、鱼类、昆虫、双壳类、腹足类、介形虫、叶肢介和藻类化石尤为丰富。园内在2km²的山谷中，分布着119棵裸露出地面的硅化木。硅化木属古松柏类（图7-12），化石纹理清晰，质地坚硬（图7-13），年轮可辨，是一处典型的地质博物馆，具有极高的科研价值和科普教育价值。马鬃山、公婆泉一带有鱼化石山、硅化木、风凌石产出。

图7-12　玉门市红柳峡一带硅化木根　　　图7-13　玉门市硅化木地质公园内
　　　　　　　　　　　　　　　　　　　　　　　赋存于岩石中硅化木

（四）肃北蒙古族自治县马鬃山硅化木

肃北蒙古族自治县马鬃山镇公婆泉东北约150km处，木化石群被掩埋在戈壁沙土中，长短不一、大小不等，有的长7~8m，其大者长约28m，直径50~80cm，虽多处断裂，但形状保存完整。树根、主干完好，枝杈、树皮、年轮清晰可辨。

三、叠层石

叠层石是由藻类将海水中的钙、镁碳酸盐及其碎屑颗粒黏结、沉淀而形成的一种化石。随着季节的变化、生长沉淀的快慢，形成深浅相间的复杂色层构造，叠层石的色层构造，有纹层状、球状、半球状、柱状、锥状及枝状等。中国叠层石十分丰富，北方中元古界白云岩、白云质灰岩及灰岩中普遍产出，在南方新元古界震旦系上部白云质灰岩及硅质白云岩中亦有产出。叠层石主要富产于元古宙的碳酸盐岩地层中，曾经成为划分和对比该时期地层的重要手段之一。在甘肃西秦岭地区文县、康县震旦系临江组地层中有相关层位。

肃北蒙古族自治县、金塔县、永昌县韩母子—墩子沟一带也有产出。

（一）肃北蒙古族自治县叠层石

主要分布于肃北蒙古族自治县大豁落山一带。产出地层主要为震旦纪（距今6亿~19亿年）变质岩系中。岩石呈灰黑色规则墙状，叠层石形态多种多样，有的像春天的竹笋，有的呈卵圆形，有的像蘑菇（图7-14）。

（二）金塔县叠层石

主要分布于金塔县天仓乡大红山一带。产出地层主要为震旦纪平头山组，主要由灰白—土黄色强硅化的含叠层石白云岩与泥质板岩、粉砂质板岩、含凝灰质板岩、变质杂砂岩等组成，相互叠置，白云岩富含叠层石。通过区域对比可以确定区内的叠层石

图7-14　肃北蒙古族自治县马鬃山—大豁落山一带叠层石标本

白云岩时代为16亿~14亿年，相当于蓟县纪。其基本层构成集合体，呈柱状、锥状、棒槌状等形态。

四、笔石

笔石是一种体内有骨骼的无脊椎动物，形体很小，生活在平静的海洋中，构成羽毛状或锯齿状的群体。笔石动物的化石，由于其保存状态是压扁成了碳质薄膜，很像铅笔在岩石层上书写的痕迹，因此叫作"笔石"。页岩中常有它的化石，是划分和对比地层的重要化石之一。集中产自奥陶系、志留系和下泥盆统。

在平凉市奥陶系平凉组碳酸盐岩、敦煌市北山地区奥陶系罗雅楚山组长石英砂岩、石英岩、硅质板岩互层中含笔石、腕足类等，天祝藏族自治县奥陶系车轮沟组火山岩系中也产有笔石。笔石种类多，有对笔石、三角笔石、叶笔石、锯齿雕笔石。化石通常只有几毫米或几厘米，多保存其压扁的几丁质骨骼。

五、化石蕨

化石蕨就是我们常说的蕨类化石。蕨类植物是最早的陆地植物。其化石大量存在于泥盆纪和石炭纪的早古生代地层中。其中许多是与现存蕨类有关联的原始类。蕨类植物多属无花无种以孢子繁殖。甘肃石炭纪煤系地层中较多，在陇东、靖远县、河西地区均有产出。

在靖远县永安堡发现大量蕨类化石，赋存于三叠—泥盆纪地层中。化石种类多，有镰蕨、斯瓦巴德蕨、拟鳞木、原始鳞木、工蕨、带蕨等。另外还发现浆鳞鱼化石，是甘肃地质历史上首次大量出现的鱼类化石。

六、贝类化石

贝壳是生活在水边软体动物的外套壳，由软体动物的一种特殊腺细胞的分泌物所形成的保护身体柔软部分的钙化物，贝壳由95%左右的$CaCO_3$和5%左右的有机质组成。在地质学意义上，贝壳是化石中最常见的保存方式。它们通常用于确定地质形成的系统进化，地层的确切年代及贝类种群的分类。因此，贝壳的结构研究具有重要的意义。

甘肃西秦岭地区、祁连山（天祝藏族自治县）、北山地区泥盆系—二叠系碳酸盐岩建造中多产出头足类、腕足化石，有鹦鹉螺、鸮头贝、石燕等（图7-15）。

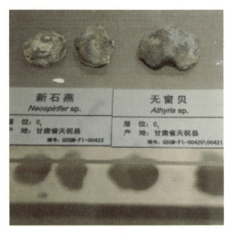

七、半椎鱼

半椎鱼目是全骨鱼类的一个目。体纺锤形或高纺锤形，口裂短小，眶下骨数目多，牙齿通常为磨状齿，有时为锥形齿，头部骨片和鳞片颇厚，躯干背缘在背鳍后急剧减低，所有鳍

图7-15　肃北蒙古族自治县马鬃山—大豁落山一带叠层石标本

均具有很发达的棘鳞，鳞片通常为菱形。从晚三叠世开始出现，以侏罗纪最繁盛，到白垩纪晚期绝灭，其地理分布很广，常见于三叠纪，新疆、甘肃北山地区有发现。

产于马鬃山明水盆地三叠系珊瑚井组地层中，属河湖相沉积，整合于二断井组红色岩层之上，为灰绿色、灰色含砾粗砂岩、长石石英砂岩、细砾岩、砾岩及粉砂岩与炭质页岩互层，以具炭质页岩为特征（图7-16）。

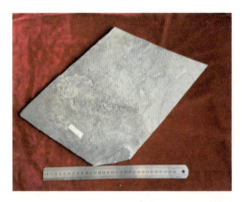

图7-16　肃北蒙古族自治县马鬃山鱼化石

第八章　矿物晶体

一、萤石

萤石（又称氟石、软水晶）是自然界中较常见的一种矿物，其主要成分是氟化钙（CaF_2），含杂质较多。萤石呈玻璃光泽，颜色鲜艳多变，质脆，硬度比小刀低。多数结晶为八面体和立方体，少见十二面晶体。解理痕迹在多数晶体上有呈现，从较大晶体上剥落的解理块也很常见。解理块较扁平、呈三角形；立方晶体的解理块为扁的长方体。萤石的晶体往往出现穿插双晶，也有团簇而成的共生立方晶体，或为颗粒状、葡萄状、球状或不规则大块。它们的用途很多，是氟的主要来源，结晶形态美观的萤石标本还可用于收藏、装饰和雕刻工艺品。

萤石来自火山岩浆的残余物中，在岩浆冷却过程中，被岩浆分离出来的气水溶液中含有许多物质，以氟为主，在溶液沿裂隙上升过程中，温度降低，压力减小，气水溶液中的氟离子与周围岩石中的钙离子结合，形成氟化钙，经过冷却结晶后就得到了萤石。萤石矿为花岗岩、伟晶岩、正长岩中的副矿物。在碳酸岩、碱性侵入岩中和火山周边的喷气孔旁均能够发现萤石。可与萤石共生的矿物有白钨矿、黄玉、锡石、黑钨矿、黄铁矿、方解石、闪锌矿、天青石、白云母、石英、方铅矿、白云石、重晶石等。

表8-1　萤石矿物特征表

光泽	玻璃质，晶体较大时呈阴暗色泽	韧性	质脆，易碎
透明度	透明至半透明	解理	完全解理，平行晶面族。尤其是当晶体呈八面体时，可在毫无损伤的情况下被分解
颜色	无色、紫色、丁香色、金黄色、绿色、蓝色、粉红色、香槟色、棕色	裂理	在{011}晶面族下裂理模糊粗糙
断口	参差状或亚贝壳状断口	摩氏硬度	4
熔点	1360℃	密度	3.175~3.56g/cm³
光泽	玻璃质，晶体较大时呈阴暗色泽	韧性	质脆，易碎
感光	当红、绿萤石被加热至100℃以上时会产生磷光。在紫外线照射下，会发出荧光，呈蓝、紫、绿、红或黄色。部分萤石光感较强，直接暴露于光线中或摩擦其表面就能使其发光。在日光灯照射后可发光数十小时		

　　甘肃萤石矿成矿前景良好，萤石矿集中在瓜州县花牛山—平头山、金塔县大庄子、高台合黎山—大青山、民勤县红崖山—石红山、天祝藏族自治县冷龙岭、榆中县兴隆山等成矿带。已知产地多为小型矿床，主要矿区有金塔县神螺山萤石矿、金塔县环山萤石矿、高台县七坝泉萤石矿、武威市大沙沟、大泉萤石矿、永昌县焦家庄、头沟、照路沟萤石矿、肃南裕固族自治县西石门萤石矿、肃南裕固族自治县南泥塘子萤石矿、临洮县茨泉子萤石矿等，甘肃萤石矿资源储量位居全国第二。

（一）金塔县大庄子、沙红山萤石矿

1. 位置交通

　　位于金塔县大庄子乡北、沙红山一带，从酒泉至额济纳旗的公路（G213）有便道可直通工作区，西部有金塔至石板井公路，距鼎新镇约163km，距酒泉市约289km，交通便利。

2. 矿体、矿石及晶体特征

沙红山矿区共圈定萤石矿体4条，Ⅰ-1号主矿体地表出露长430m，矿层厚度0.40~2.70m，平均厚度1.48m，CaF_2平均品位43.86%，估算萤石矿石量25.34万吨。

沙红山萤石以块状集合体为主，单晶体粒度5~50mm。晶体形态常呈立方体、八面体或立方体的穿插双晶，集合体呈粒状或块状。有黄、淡紫、玫瑰、绿黑、灰等多种颜色条带。萤石具有自然夜明特性，又具美丽的色泽和天然的矿物结晶纹理，可以加工出更多的发光工艺品。

大庄子萤石具同心圆状或条带状，紫色与白色、樱红色、绿色或黄绿色条带相间（图8-1），块度较大，透明度高，有一定的韧性，适合雕刻，可雕制成凤凰、仕女等工艺品，晶莹剔透，淡雅相宜，不足之处是硬度较低，性脆，时间久了易失去光泽。

图8-1　金塔县大庄子条带状萤石

（二）金塔县红柳峡一带萤石矿

1. 位置交通

南距金塔县城约60km。酒泉市至金塔县有酒（泉）—金（塔）公路及酒（泉）—航（天城）公路相通，另有酒泉至额济纳旗的公路在勘查区东南通过（S214），从该公路有金塔至野马井公路（X242）于矿区东部穿过，交通较为便利。

2. 矿体特征

矿体产于石炭纪二长花岗岩的北北西向断裂破碎带内，呈脉状，矿体陡倾，与围岩界线清晰。其中Ⅰ—1矿体长约310m，厚1.39~1.94m，CaF_2品位35.40%~52.33%。Ⅰ—2萤石矿体长约200m，厚1.16~1.20m，CaF_2品位48.25%~52.74%。

3. 晶体特征

萤石以蓝色、紫色、暗紫色、淡紫色为主，主要为他形粒状、半自形粒状或晶粒状集合体（图8-2）。

图8-2　金塔县红柳峡一带萤石矿石特征

（三）高台县七泉坝萤石矿

1. 位置交通

矿区位于高台县北25km的合黎山西段南侧，地理坐标为东经99°48′20″，北纬39°31′12″。

2. 矿体特征

矿区位于阿拉善地块合黎山—大青山南缘，出露地层主要为龙首山岩群黑云母斜长片麻岩、云母石英片、石英岩。发现脉状矿体77条，主矿体长398m，厚3.54m，CaF_2品位35%~82.14%。

3. 晶体特征

萤石颜色有白色、紫色、绿色、黄色等，呈透明的块状、条纹状，共生有乳白色的蛋白石（图8-3）。矿床成因类型为裂隙充填的低温热液脉状萤石矿床。

图8-3 高台七泉坝萤石标本

（四）漳县胭脂沟萤石矿

位于漳县东南部东泉乡、岷县北侧，地理坐标为东经104°41′00″至104°41′56″，北纬34°29′36″至34°30′。出露地层为下二叠统，矿化产于教场坝花岗岩体北接触带，受断层控制。共圈出矿体4条，CaF_2平均品位15.92%~38.66%。萤石晶体呈绿色，局部品位高无裂隙的可做观赏球等（图8-4）。

图8-4　漳县胭脂沟萤石工艺品

（五）永昌县焦家庄萤石矿

1. 位置交通

焦家庄萤石矿位于永昌县焦家庄镇南山一带，东经101°40′44″至101°50′32″，北纬38°09′11″至38°09′55″。在永昌县城218°方向、直距约15km，其间有多条乡镇公路、沙石便道，交通便利。

2. 地质特征

焦家庄中型萤石矿床分为照路沟、头沟、火烧沟三个采区。围岩主要为寒武系中下统大黄山组变质砂岩，局部产于石炭系中统羊虎沟组或志留纪岩体中。萤石矿体受张扭性构造裂隙控制，为较稳定的沿裂隙充填的脉状体。其中Ⅰ号矿体长772.6m，平均厚1.92m，最大斜深222m。Ⅱ号矿体长520m，平均厚1.4m，最大斜深72m。矿体与围岩界线清晰，围岩蚀变主要有硅化、褐铁矿化、高岭土化、碳酸盐化等。

3. 矿石品质

矿石质量较高，萤石主要呈白色、紫色、紫红色，局部绿色、黄色及红色。主要为半透明的块状、条带状、同心环状及肾状构造，局部角砾状构造。矿石矿物成分主要为萤石，次为石英、玉髓等，脉石矿物主要为乳白色玉髓、蛋白石，次为围岩角砾，个别地段有次生铁质或锰质熏染现象。石英萤石型矿石以含有较多玉髓及蛋白石为其特征，图8-5所见两块萤石，其一为皮壳状，滴盐酸有气泡，类似于钙华成因，看似山峦起伏，黄色沉积物堆积在白色表面，给人一种深沉沧桑的感觉，反面是绿色、淡紫色，亮丽清新，为矿物标本中上品。

图8-5　焦家庄萤石矿石构造特征

图8-6　永昌县焦家庄萤石矿标本及工艺品

图8-6中条带状萤石矿，颜色从下到上依次为浅红色花岗岩，乳白色玉髓，深紫色到浅紫色、淡黄色、绿色萤石，经简单打磨后，表面光鲜，形如维吾尔族人盛大节日头顶佩戴的帽子，色彩鲜艳，形象逼真，实属难得。

（六）天祝藏族自治县半阳河萤石矿

位于武威市218°方向约50km处，矿区地理坐标为东经102° 18′ 10″，北纬37° 33′ 07″。

图8-7　天祝藏族自治县半阳河萤石标本

矿区处于北祁连造山带冷龙岭复式背斜的北翼，赋矿岩系为早石炭世臭牛沟组砾岩、砂岩，侵入岩为奥陶纪花岗闪长岩和辉绿岩脉、花岗闪长岩脉、石英脉。发现脉状矿体2条，长度大于1000m，厚度1.5~2.4m，CaF_2含量为24%~93.9%，平均65.83%。属于石英—萤石脉型。成因类型属于充填型脉状萤石矿床。矿石品位较高，颜色以绿色为主，晶莹透明，美不胜收（图8-7）。

（七）肃南裕固族自治县西石门萤石矿

西石门萤石矿位于肃南裕固族自治县皇城镇西城村，从永昌至皇城公路40km处右拐经西城村有简易公路可直达矿区。

矿区内出露地层为下寒武统大黄山群变质砂岩夹板岩，受北西向断裂控制，有少量石英脉沿裂隙充填，在矿区外围有加里东晚期肉红色花岗岩出露。矿区见大致平行产出的矿脉带2条，平面距离400~600m，圈出矿体4个，矿体分枝复合现象较为普遍。矿体成矿以充填为主，矿体形态亦随容矿裂隙的膨缩而随之变化，厚度较稳定。

矿石矿物为紫红色、浅绿色、白色萤石，部分具不完整的八面体或立方体，脉石矿物为石英、玉髓、蛋白石及少许方解石，与萤石呈相间的条带状、环带状产出。矿体顶、底板处常见砂岩角砾混入，局部矿体中有高岭土及锰质混染（图8-8）。

图8-8 肃南裕固族自治县西石门萤石矿标本

矿石 CaF_2 平均品位64.85%~76.46%，SiO_2 含量普遍偏高，大于20%，矿石自然类型为纯萤石型和石英—萤石型两类，以后者为主，属中低温热液型，成矿时代应为加里东晚期。矿石选矿后精矿 CaF_2 品位达到98%，回收率为75%~80%，可达国标二、三级标准。

二、天河石

甘肃较好天河石产在瓜州县柳园北国宝山铷矿，矿化岩石为石炭纪花岗闪长岩，天河石花岗伟晶岩脉发育，沿原生节理贯入，分布无定向，宽10~20cm，长约30m，伟晶岩矿物组成主要为天河石和石英（图8-9）。钠长石化天河石二长花岗虽然富铷，但因铷在长石中呈类质同象赋存，选出技术难度大，近期无法开发。但浅蓝色天河石脉非常漂亮，作为观赏石开发也是一条出路。

另外，瓜州、玉门、肃北、天水北道等地也有富含铷的花岗岩，也是今后找天河石矿的方向。

图8-9　瓜州县国宝山铷矿天河石标本及工艺品

三、绿松石

图8-10　敦煌绿松石标本

甘肃绿松石产出于敦煌方山口钒矿，图8-10展示的标本采自钒矿矿石，同时提供找玉线索。绿松石呈斑块状产在距今五亿多年前的中寒武世早期的灰黑色泥质板岩、硅质岩中，与磷、钒属同一层位。致密块状、团块状，硬度大，团块粒径1~3.5cm，淡黄绿色，颜色均匀，基本不含杂质，质地致密。

绿松石是一种古老的玉石，作为佩饰使用历史悠久。绿松石主要产出国为伊朗、美国、中国。中国绿松石主要集中在鄂、豫、陕交界处，以湖北郧阳绿松石最为著名。甘肃产绿松石与湖北的属同一层位同一时代，甘肃大地湾遗址、齐家文化遗址中发现有绿松石装饰品，是否属甘肃就地采出？甘肃寒武纪大豁落井组下部地层富含磷，志留纪地层或花岗岩中含铜，铜风化淋积到磷矿层位，即可形成绿松石。

绿松石可制作首饰，也可作为颜料，敦煌壁画中淡黄绿色颜料或采自本地的绿松石。

四、铜矿石（孔雀石）

（一）肃南裕固族自治县大海铜矿（孔雀石）点

该铜矿点位于肃南裕固族自治县祁连山区。从酒泉市出发，经酒泉南站、沙河村左转过西寨、红山至观山口，再一直沿山间小道行约一小时到山顶而达矿区，其南靠山处有一小型水电站，山坡上见孔雀石转石。

孔雀石古称"绿青""石绿"，是一种古老的玉石。由于鲜艳的翠绿色和千姿百态的形状花纹，备受人们喜爱。遇稀盐酸起泡。

图8-11　酒泉天池孔雀石

天池孔雀石产于距今4亿年前的志留纪铜矿上部氧化带中，含铁铜矿物遇围岩中的方解石发生反应，在氧化带中生成孔雀石（图8-11）。孔雀石也是找铜矿的一种标志矿物。

（二）肃南裕固族自治县石居里—九个泉铜矿块状铜矿石

1. 位置交通

石居里—九个泉铜矿位于肃南裕固族自治县城西5~10km，东经99° 21′ 38″ 至99° 23′ 15″，北纬38° 48′ 26″ 至38° 51′ 00″。

2. 地质特征

矿区位于北祁连西段，赋存于奥陶纪海相火山沉积岩系。严格受下奥陶统阴沟群基性—中基性火山岩（玄武岩、玄武安山岩）、火山碎屑岩（安山凝灰岩）控制，在空间上产于上部玄武岩层，下部的枕状玄武岩、似角砾状（碎裂）玄武岩中，区内大部分矿体均集中于似角砾岩化（碎裂）的玄武岩地段，与特定的火山喷发沉积韵律和沉积环境有关。岩石普通糜棱岩化，部分甚至形成糜棱岩。区内所见主要为蛇绿岩组成部分的橄榄岩、辉长岩、少量脉岩。圈定矿体17条：

其中Cu1矿体长约45m，宽4~5m，延深大于100m，矿石品位最高可达23%，平均4.05%，S含量最高46.33%，平均26.07%，伴生Zn含量0.05%~1.3%、Co含量0.01%~0.11%、Ag含量6~14g/t。Cu2矿体长约80m，斜深约74m，厚1.71~9.98m，Cu含量平均1.24%，S含量平均40.51%，伴生Co含量0.036%，Ag含量14.50g/t。矿体形态为似层状、透镜状、脉状、囊状、不规则状。矿石矿物主要为黄铁矿、黄铜矿，地表氧化矿石有褐铁矿、孔雀石、蓝铜矿、黄钾铁矾等。围岩蚀变见有硅化、绿泥石化、绿帘石化、碳酸盐化、绢云母化、高岭土化、黄铁矿化、褐铁矿化等。

3. 矿石特征

笔者去肃南裕固族自治县矿区路上，中午在道旁溪流边就餐。雪山近在眼前，草原就在脚下，鹰舞碧空逍遥，青羊攀岩从容，风清气爽，景色如画，美哉，谁人不说祁连好！无意间发现水中一小块鲜艳的孔雀石，属于铜的碳酸盐矿物，形状如民国年间元宝，精美别致。正面是孔雀石，表皮经流水冲刷山石撞击凹凸不平，并有绿色铜锈及黄褐色铁锈，背面多为基性岩石。矿石含量Cu21%，Fe19%，几乎如铜锭一般，其成因原理类似于狗头金，或为石居里、长干峡一带富铜矿经亿万年氧化作用，并经流水搬运形成。

　　古人以铜为金，西周前的铜多出自河床中天然氧化的孔雀石。祁连山先秦时被匈奴占据控制，该奇石铜品位高，形貌独特，或为匈奴右贤王藏品。

图8-12　肃南裕固族自治县九个泉铜矿富铜矿石标本

　　肃南裕固族自治县九个泉一带的铜矿，铜品位在20%以上，品位之高，较为少见。其外观金黄，沉如铜锭，可直接入炉冶炼。远古时人铜金不分，称铜为金，至少在秦汉前，铜不仅是铸造兵器、礼器的战略性资源，也是生产货币铜钱的贵重金属。铜矿石有原生矿，也有氧化矿，在山谷中穿行，运气好的话，或可在清冽的溪流中拣到如钱饼美不胜收高成色的孔雀石（图8-12、8-13）。

　　九个泉铜沿古火山通道上升或沿断裂分布呈条带状，鲜红色、紫红色碧玉与铜矿共生，当地赏石者称为祁连红，品质好的几如南红玛瑙，打磨加工后是上等的观赏石。

图8-13　肃南裕固族自治县九个泉铜矿孔雀石标本

五、冰洲石

冰洲石，即无色透明的方解石。有一个奇妙的特点，就是透过它可以看到物体呈双重影像。地质学称"双折射"，指一条入射光线产生两条折射光线的现象。将一块冰洲石放在书上看，它下面的线条、字体都会变成重影。日常生活中看立体电影佩戴立体眼镜就是根据这一原理实现。因此冰洲石成为重要的光学材料。方解石是石灰岩和大理岩的主要矿物，化学成分为 $CaCO_3$，无色透明纯净，由于其具有最高的双折射率和偏光性能特殊的物理性能，被称为特种非金属矿物。该矿物属三方晶系，菱面体，无色透明、紫色透明、浅黄色透明、金黄色透明、茶色透明、绿色透明；具有菱面体解理，聚片双晶，无荧光，摩氏硬度为3，密度为2.70~2.71g/cm³。与冷稀盐酸相遇剧烈起泡，它和白云石很类似，而且共生在一起。其成因多形成于石灰岩和大理岩中，冰洲石天然晶体不能人工制造，常用于光学工业中的偏光棱镜和偏光片，是制造天文用的太阳黑子仪、微距仪，也用于宝石二色镜中的棱镜。其质量要求结构完整、无色透明或均一染色体、晶体内部不允许有气体分子存在。普通者用于化工、水泥、塑料、搪瓷、造纸、医药、食品和动物饲料添加剂。在冶金工业上用作助熔剂，还用于塑料牙膏、化妆品、食品中添加剂。

（一）成县曹家庄冰洲石

主要分布在成县曹家庄。赋存于中泥盆统榆树坪组灰岩中，矿化带受北西西向断裂控制，晶洞受北东向断裂控制。矿石为自形晶粒状结构，冰洲石单晶体较为少见，菱面体晶形发育，晶体长1~5cm，最长10cm，半透明一透明（图8-14）。

图8-14 成县曹家庄冰洲石

（二）徽县通天坪冰洲石

徽县通天坪冰洲石产于石炭纪厚层灰岩的溶洞中，从颜色上分无色及黄褐色两种类型。红色是铁质矿物沿冰洲石解理面浸染渗透形成，大小不等，大的100~200kg，小的仅2kg。无色者如冰清亮，一尘不染；黄褐色如金染石中，形如金印，厚重尊贵（图8-15）。

图8-15　徽县通天坪冰洲石工艺品

（三）夏河县冰洲石

主要分布在夏河县甘加乡许马一带。冰洲石产于二叠系灰岩中，已发现矿化溶洞25处，溶洞面积数10~1000m²。冰洲石多为复三方偏三角面体和菱面体，晶体长15~25cm，最长80cm，半透明。

（四）漳县盐井方解石

主要分布在漳县的盐井、三岔乡、殪虎桥等地。方解石产于泥盆纪地层碳酸盐岩建造中，晶体形态常见者有复三方偏三角面体、菱面体、六方柱与菱面体组成的聚形晶等。呈白、灰白等色，摩氏硬度3，密度为2.71g/cm³，菱面体解理完全。方解石晶体由于解理发育，且硬度低，故易于破损，最具观赏性的是方解石晶簇。

（五）临洮县蒋家山方解石

主要分布在临洮县蒋家山一带。含矿岩石产于石炭系结晶灰岩、大理岩中，方解石结晶程度高，菱面体和偏三角面体晶型发育，以白色、无色、灰色为主，见少量棕色、绿色和黑色等稀有颜色，其中块状晶簇和呈棕色、绿色和黑色等颜色的较大晶体具有较高的观赏价值（图8-16）。

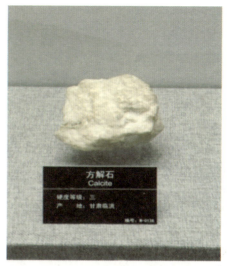

图8-16 临洮县蒋家山方解石标本及工艺品

六、铅锌矿石

我们所说的铅锌矿石，其矿物组成主要为方铅矿、闪锌矿。

方铅矿是比较常见的矿物，它是一种硫化物，其中金属（铅）与硫的比例为1∶1，分子式为PbS，属等轴晶系，常呈立方体，集合体通常为粒状或致密块状。铅灰色，条痕灰黑色，金属光泽，硬度为2.5，三组极完全解理，具有弱导电性。主要是热液成因的矿物，几乎总是与闪锌矿共生。在接触交代矿床中，常与磁铁矿、黄铁矿、磁黄铁矿、黄铜矿、闪锌矿等共生，在中、低温热液矿床中，与闪锌矿、黄铜矿、黄铁矿、石英、方解石、重晶石等共生。在氧化带中不稳定，易转变为铅矾、白铅矿等矿物。方铅矿，包括闪锌矿，往往与铜矿物共生，是提炼铅的最重要矿物原料。

闪锌矿是锌的主要矿物，属六面体晶体，化学式为（Zn、Fe）S，铁含量通常随着地层温度的升高而增加，最高可达40%。所有天然闪锌矿均含有各种杂质，这些杂质通常替代晶格中阳离子位置的锌，最常见的阳离子是镉（Cd）、汞（Hg）和锰（Mn），但镓（Ga）、锗（Ge）和铟（In）也可能以相对较高的浓度存在。闪锌矿存在于多种矿床类型中，用途在于黄铜、青铜、宝石、镀锌、药品和化妆品。

甘肃锌矿资源储量位居全国第五，主要产于西秦岭地区的西和、成县、徽县等地，构成西成铅锌矿田。铅锌矿氧化带属表层氧化的铅锌矿，其中锌含量达25%，铅较低。锌矿石经长期的氧化作用，受独特的地理气候影响，形成黄褐色的莲花状矿物集合体（图8–17）。

　　成县铅锌矿氧化矿石外层黄铁矿包裹里层的铅锌矿，因矿石结晶分异，形成条带状结构，里层铅锌矿含 Zn 4.30%，Pb1.23%，外层黄铁矿含Fe 34.28%，Zn 0.05%（图8–18）。

图8–17　成县氧化铅锌矿标本

图8–18　成县半氧化铅锌矿标本

七、刚玉、石榴石

刚玉是一种氧化物矿物，主要成分为 Al_2O_3，颜色有无色或灰色、黄灰色、蓝色等，因含有不同的微量元素而呈现不同颜色，如含铁元素者呈黑色，含铬元素者呈红色，含钛元素者呈蓝色，含钒元素和铬元素者呈紫色，含铁元素和铬元素者呈绿色。摩氏硬度为9，透明或半透明，具有玻璃光泽。晶体呈三方桶状、柱状、板状晶形。主要单晶有六方柱、六方双锥、菱面体。

岩浆作用形成的刚玉产于正长岩、斜长岩、伟晶岩中。接触交代作用形成的刚玉产于岩浆岩与灰岩的接触带。区域变质作用形成的刚玉产于片岩、片麻岩中。刚玉具有硬度大、熔点高、耐侵蚀等特性，广泛应用于冶金、机械、化工、电子、航空和国防等工业领域。其晶型完好者也具有一定的观赏价值。

石榴石是地壳和上地幔主要造岩矿物之一。石榴石晶体与石榴籽的形状、颜色十分相似，故名"石榴石"。化学通式为 $A_3B_2[SiO_4]_3$，晶体属等轴晶系的岛状结构硅酸盐矿物的总称。化学式中 A 代表二价阳离子，主要有镁、铁、锰和钙等；B 代表三价阳离子，主要有铝、铁、铬、钛等。常呈菱形十二面体、四角三八面体，集合体呈致密块状或粒状。颜色变化大（深红、红褐、棕绿、黑等），无解理，断口参差状，玻璃光泽至金刚光泽，断口为油脂光泽，半透明。摩氏硬度为6.5~7.5，密度为3.32~4.19g/cm³。性脆。石榴子石在自然界分布广泛。主要产于片岩、片麻岩和矽卡岩中。石榴石主要作为研磨材料，颜色好、净度高的石榴石可以称为宝石。

（一）阿克塞哈萨克族自治县刚玉

阿克塞哈萨克族自治县余石山刚玉矿点发现于2016年，由甘肃省地质调查院在从事区域地质调查时发现，分布于阿尔金山东段—当金山一带，填补了甘肃省此类矿种的空白。

野外调查显示，刚玉矿含矿岩性为古元古代达肯达坂岩群的花岗质片麻岩和花岗质糜棱岩，矿带呈似层状和长透镜状顺层产出，长约1km，宽10~50m。刚玉含量为5%~35%，多呈灰绿色，个别呈淡蓝色，多为半透明，质地和通透性接近蓝宝石，至金刚光泽，外形为六方短柱状，受构造影响而发生变形，粒度为5×10~20×35mm，脉石矿物为斜长石、钾长石、石英、角闪石、白云母、黑云母、黄铁矿、石榴石等（图8-19）。

图8-19　阿克塞哈萨克族自治县刚玉矿石标本

刚玉矿带规模较大，其中刚玉含量较高，粒度较大，个别颜色略带蓝色色调、通透性较好，有形成蓝宝石和红宝石的成矿前景，具有一定的找矿潜力。

（二）肃北蒙古族自治县马鬃山镇二道井石榴子石

石榴石主要分布在肃北蒙古族自治县马鬃山镇的二道井及黄尖丘—红旗山东一带，在当金山五六沟也有发现，且通过地质调查具有一定规模。

二道井石榴石位于海西中期花岗闪长岩南侧，赋存于敦煌岩群黑云石英片岩、变粒岩中。为钙铁榴石—锰铝榴石，含矿率10%~20%，石榴石粒径0.1~12cm，呈菱形十二面体，透明—半透明。矿物单体及集合体具有一定的观赏价值（图8-20）。

图8-20　肃北蒙古族自治县马鬃山镇二道井石榴子石晶体

八、辰砂

辰砂，又称丹砂、赤丹、汞沙，分子式为 HgS，含汞86.2%，属三方晶系，常呈菱面体或短柱形，具平行柱面的完全解理。集合体呈粒状、块状或皮膜状。摩氏硬度为2.5，密度为8.10 g/cm³。颜色常呈红色，晶体表面具条痕红色，半透明。纯净辰砂为金刚光泽，朱红色，含杂质时光泽暗淡，褐红色。是炼汞最主要的矿物原料，还是中药材，具镇静、安神和杀菌等功效。

中国古代将它作为炼丹的重要原料，过去以产在辰州（今湖南沅陵等地）的品质最佳而得名。仅产于火山岩、热泉沉积物、低温热液矿床、断层角砾白云岩晶洞中，常与石英、雄黄、雌黄、方解石、辉锑矿、黄铁矿等共生。我国汞矿资源丰富，累计探明资源储量位居世界第三。世界上最大的辰砂晶体是"辰砂王"，1980年在贵州东部万山汞矿区发现。长10.8cm，宽4.4cm，高4.2cm，净重237g。现收藏于中国地质博物馆。是我国1982年发行的第一套矿物邮票中辰砂的原型。

辰砂最早出现在新石器时代彩陶中，如距今7000年左右的甘肃秦安县大地湾就有多处发现。该遗址四期二段红色彩绘灰陶瓮口部红色颜料（样号：Q.D.F902④：20）和红色彩绘陶盆口沿部残片红色颜料（Q.D.T810③：37）均为辰砂。大地湾九掘区发现红、黑两色彩陶残片，经分析，红色颜料为辰砂，黑色颜料为炭黑，胶质为蜡质。大自然的造化瑰丽而神奇。各种造型奇特、色彩美丽、产量稀少的矿物单晶体、连晶体和晶簇，既是宝贵的矿物原料，又是含蓄质朴、美丽天成的观赏石，色彩鲜艳的彩石。它们是大自然给人类的慷慨的馈赠。

甘肃汞矿赋存于下二叠统地层中，受层间断裂及裂隙、背斜轴部的控制。辰砂晶体为自形粒状结构—他形粒状结构，浸染状构造、脉状构造、角砾状构造。白色脉石矿物中鲜红色辰砂呈星点状、脉状分布，具有较高的艺术观赏价值。在舟曲县九原、坪定和临潭县、徽县马家山均有产出。辰砂在我国古代是一种贵重的颜料和药物，并不专供提炼水银之用。历代"金丹家"和药物学家都非常重视辰砂，对其认识较早。《天工开物》记载秦州（天水）出亦广也。宋苏颂《图经本草》也有水银产出的相关记述。阶州即今武都区，唐时徽县有水银务，文县水银务，宋元丰年间，文县水银达500kg，是当时年产量最高的水银场。

（一）临潭县林台子辰砂

主要分布在临潭县林台子一带。含矿带赋存于下三叠统中上部位的绢云母泥板岩、钙质泥板和细粉砂岩中。矿石为自形—半自形晶粒状结构—他形晶粒状结构，浸染状、角砾状构造。矿物组成为辰砂、辉锑矿、黄铁矿。矿物集合体具有较高的艺术观赏价值。

（二）徽县马家山辰砂

主要分布在徽县马家山一带。辰砂赋存于中泥盆统古道岭组灰岩中，受层间破碎带及北东向褶曲控制。已发现矿体17个，主矿体长度2400m，厚度10m。块状矿物集合体及颗粒较大的辰砂单矿物均具有较高的观赏和收藏价值（图8-21）。

图8-21　徽县马家山灰岩中充填的辰砂晶体

九、辉锑矿

辉锑矿，化学成分 Sb_2S_3，晶体属斜方晶系，常见形态特征鲜明，单晶具有锥面的长柱状或针状，一般呈柱状、针状、放射状或块状集合体。铅灰色，条痕黑灰色，强金属光泽，不透明，沿柱面发育有一组完全板面解理，性脆。摩氏硬度为2~2.5。密度为4.52~4.62 g/cm³。滴 KOH 于其上，立刻呈现黄色，随后变成橘红色，蜡烛加热可以熔化。常与黄铁矿、雌黄、雄黄、辰砂、方解石、石英等共生于低温热液矿床。中国是著名的产锑国家，储量居世界第一，尤以湖南冷水江市锡矿山的锑矿储量大、质量高。辉锑矿是提取锑的重要原料，天然产出的辉锑矿，可加工制作安全火柴和胶皮，可用来制作耐摩擦的合金（如铜锌锡合金），与锌和铅所熔的合金，可制印刷机、起重机等零件，在医药上的用途也较多。

甘肃锑矿主要在西秦岭合作——岷县成矿带，探明资源储量主要分布在陇南市，甘南藏族自治州少量产出。已发现西和县崖湾大型锑矿1处，岷县甘寨中型锑矿1处，宕昌县大草滩中型锑矿2处，宕昌县水眼头、碌曲县美秀南、宕昌县安家山、宕昌县银铜梁小型锑矿等。

（一）宕昌县水眼头锑矿

矿区位于宕昌县县城西北方向2.5km处的大草滩村水眼头一带。地理坐标为东经104°21′15″至104°23′30″，北纬34°03′15″至34°04′30″。

锑矿赋存于中三叠统古浪堤组薄—中层石英砂岩、粉砂岩、砂质灰岩中。共圈出矿体19个，其中主矿体3个，长1150m，厚16m，锑品位0.35%~11.98%，矿体形状为层状、透镜状。矿石为自形晶粒状结构，脉状构造、块状构造、浸染状构造。矿物组成为辉锑矿，呈强金属光泽，放射状集合体，锑华、方解石、石英为伴生矿物。

图8-22　辉锑矿晶体

（二）西和县崖湾锑矿

属西和县太石乡管辖，位于县城西南60km，交通较方便。矿区地理坐标为东经105°01′至105°11′，北纬33°41′至33°48′。

矿区出露地层为中生界上三叠统三浪水组灰岩、板岩及砂岩中，受北东向断裂破碎带控制，含矿地层可分七层，矿体产于灰岩层中。6号主矿体长1000m，平均厚5.95m，锑平均品位2.86%。围岩蚀变主要为硅化、方解石化、黄铁矿化和萤石化等。矿石成分以辉锑矿为主，黄铁矿、白铁矿次之。矿石为细粒结构、交代残余结构，角砾状、浸染状、块状构造。矿物组成为辉锑矿、黄铁矿、石英。块状矿物集合体形态奇特，柱状、放射状辉锑矿纵横交织（图8-22）。

第九章　随笔

1.话说玉石之一：甘肃有望成为继青海后又一软玉大省

甘肃目前至少发现有4处软玉矿点，其中3处笔者到过现场，并收集有标本。甘肃有望成为继青海后的又一软玉大省。

软玉成因类型主要有富镁大理岩交代型和超基性岩热源交代型两大类。第一类严格受前寒武系镁质大理岩控制，具有明显的层控性，玉石类型主要为白玉、青玉；第二类与超基性岩有关，玉石主要为碧玉。除了新疆，青海、甘肃也均有产出这两种类型的软玉。

甘肃从东到西前寒武系大理岩分布广泛，经中酸性花岗岩交代改造，条件适宜就可能形成软玉。祁连山、北山一带超基性岩发育，有形成碧玉的条件。

近年和田玉多有发现，其原因主要如下：

① 交通条件的改善。原来到不了的地方现在可以到达，尤其玉石爱好者、地质队员的到来，加快了玉石矿的发现开发。

② 找矿思路的改变。原来地质队主要找金属矿，随着环保加压，浅表矿难找，一些地方将找矿方向转向非金属矿，贵州、陕西就是典型。

③ 传统君子如玉思想的影响及商业资金的大力投入。如甘肃一软玉矿，据说一大老板承诺向地方投资2亿元开发，但因招拍挂政策及生态红线不能触碰而作罢。

④ 玉石鉴赏知识的普及及分析测试水平的提高。河西嘉峪关、酒泉、张掖观赏石加工市场规模很大，从业人员及爱好者玉石鉴赏水平很高。如笔者张掖的一位朋友老安，他几乎跑遍了祁连山的玉石矿点，以及新疆、青海等地的玉石市场，其鉴玉水准已不逊于专家。

2.话说玉石之二：软玉岂止出和田

（1）和田玉及分布

和田是世界上和田玉最著名的产地，和田玉几乎是软玉的代名词。在多数人心目中，和田玉仅产在新疆。但实际上世界上有40多个国家地区产软玉，除了中国，还有俄罗斯、加拿大、韩国、新西兰、沙特、美国、澳大利亚等。国内除了新疆，还有青海、辽宁岫岩、江苏溧阳、贵州罗甸、广西大化、陕西汉中、吉林磐石、黑龙江铁力、河南栾川、河北唐河、福建南平、江西兴国、四川汶川、湖南香花岭等。甘肃目前至少发现有软玉矿点4处，其中笔者去过现场3处，并收集有标本。

（2）软玉和蛇纹石玉的差异

软玉和蛇纹石玉的成因基本相同，主要有两类：

① 是富镁碳酸岩经富含 SiO_2 的热液交代变质作用而成；

② 是超基性岩热液蚀变或褪色蚀变（蛇纹石化）所致。

前者最可形成大规模层状矿体，后者多为规模较小的不规则透镜状矿体。世界上产软玉的地方大多有蛇纹石玉产出，说明二者形成的物质条件基本相同，岩石经交代变质、褪变质作用，可能生成蛇纹石，也可能生成透闪石。其母岩相同，何以形成不同的玉矿？专家认为主要与形成温度、水汽流体有关，好的软玉赋存在岩体接触带近大理岩的一侧或其附近。

数十年前交通不便利，识玉人不多，人们观念中的和田玉仅产在新疆和田一地。随着交通的便捷，生活条件的改善，经济的快速发展，促进了玉石的大发现。世界上出产软玉的国家和地区40多个，我国发现有软玉的省份也有近一半。软玉和蛇纹石玉相伴生，但蛇纹石玉多规模大，而软玉形成条件相对要高一些，复杂一些，因此，其产出相对较少。加大对蛇纹石玉矿是否伴生有软玉研究，应是找软玉的一个方向。

另外，软玉及蛇纹石的形成，主要是物质条件。从地质历史时期看，古元古宙到古生代几乎都有软玉产出，但主要活跃在加里东期、华力西期，其中酸性岩浆岩活动频繁，与早期富镁碳酸岩相互作用，形成了软玉或蛇纹石玉。

（3）蛇纹石玉与和田玉是堂兄弟

近年来，笔者到过甘肃省内不少玉矿点现场，看多了，总有感觉，大凡有蛇纹石玉矿点处，或多或少就有和田玉，质差的和田玉中多含有蛇纹石，二者如影随形，关系亲密，如堂兄弟一般。地质上将这种关系叫作共生矿床，有的生长在一起，叫同体共生，有的分开，叫异体共生。对玉石矿理论研究不如金属矿成熟，此前搞玉石的人对此现象关注不够。事实上，如岫玉，教

科书中将其作为蛇纹石玉的典型矿床，但近年来发现了共伴生玉质上乘的透闪石玉。甘肃武山鸳鸯玉标本笔者曾将其带到河南镇平县玉石市场，玉商看一眼说是玉质一般的碧玉。肃南裕固族自治县的一些黄玉，河南镇平的玉商也是以高价购进，经分析也含有透闪石。由此，如遇品质好的蛇纹石玉，就应分析透闪石存在的可能性。

3. 话说玉石之三：古人识玉

古人对玉的认识，除极少数从事玉石加工的人员外，多数人对玉的认识是不专业的。玉石中有相当一部分不是透闪石质软玉，尤其在战乱的春秋战国时期，以透辉石假充透闪石的问题普遍，从陕西、河南、安徽等地出土的文物中多有发现。

古人鉴玉凭借肉眼经验，但透闪石和透辉石是两种非常相像的矿物，地质上叫类质同象，即其晶体结构相同，因晶格上铁镁元素不同，故其矿物不同。古人由于测试技术限制，将一些淡黄绿色玉石视为透闪石玉，即和田玉，随着现代分析测试技术的发展，尤其无损检测手段在宝玉石鉴定中的广泛应用，发现包括先秦时期的许多老古玉其矿物成分实为以透辉石为主的含透闪石玉。古人肉眼很难辨别透辉石含量高的玉石，但在现代无损检测仪器下，分辨二者是很容易的事。

另外，如非和田玉，也不能想当然就认为是蛇纹石玉，首先其硬度较大，结构与蛇纹石有别，杂质也较少。甘肃敦煌黄玉，古人曾将其视为软玉中的黄玉开采，但经鉴定分析，其中有含量较高的透辉石。

4. 话说玉石之四：蓝田玉品质

和田玉、岫玉、蓝田玉均在中国美玉之中，将蓝田玉列入其中作者认为名不副实。

蓝田玉专业名称为蛇纹石化大理岩，说白了就是优质石材。如果将上述三者评质论优非要分出个三六九等的话，和田玉如中央舞蹈学院、戏剧学院万里挑一的美女，岫玉如窈窕貌美的空姐，蓝田玉则是身段容貌尚可的寻常佳丽，不一定恰当，不知读者以为如何。

在古代不是人人都能佩玉的，只有身份、地位相当的权贵才能佩戴。昆仑山美玉的物流也不像现今通畅，即便是汉唐盛世，玉石贸易也因战乱有过中断。于是乎，玉不够石来凑，蓝田玉经文人吹捧在达官贵人中流行，身穿紫金袍腰系蓝田玉成为上流社会标配。加之诗人墨客称颂赞誉，尤其李商隐一句诗"沧海月明珠有泪，蓝田日暖玉生烟"，更是成就了蓝田玉的千古美名。

蓝田玉其实就是经区域变质作用或叠加热接触变质作用形成的粒度细微的大理岩。在甘肃陇原大地的肃南裕固族自治县、肃北蒙古族自治县驱车走三五十千米就可见岩石露头，在河道几乎到处都可遇到。适当打磨、加工，便成观赏石或室内装修的石材。

5. 话说玉石之五：莫将阿富汗玉当白玉

笔者有一好友，在酒泉市玉石市场花一千多元"淘"了一块白玉观赏石，玉石润泽如上妆的美女，放在家里显眼处炫了一阵，但仅过了两年时间，表皮毛了，原来类似油脂的光鲜面变成了磨砂面。究其原因，原来此玉乃方解石质玉，而非透闪石软玉。阿富汗玉的硬度为3，玉化好或含硅质者略高，而空气微粒的硬度在5~7之间，因硬度低会被空气中微粒自然打磨变毛，就如楼房玻璃、车窗玻璃经空气微粒打磨也会变毛原理一样。中国地质大学（武汉）珠宝学院的教授讲课，说有一年他到新疆考察玉石，老板给他递了2个小件，初看挺上眼，但细看好像有不对劲的地方，肉眼找不出毛病，用放大镜看，发现了两处蹦口，原因是和田玉是纤维交织结构，微小的透闪石类似早年间乡下的毛毡压茬交织，结构紧密，韧性好不易裂，而阿富汗玉为粒状结构，稍有磕碰易碎易落，商家要600元的东西最后20元成交。市场上10元的所谓白玉手链，初上手时很美观，但戴手上时间不久就会变色变糙。

阿富汗玉又叫碳酸盐岩质玉，主要成分为方解石，因此也叫方解石玉，少部分内部含有透闪石，硬度略高。阿富汗玉通常是指一种碳酸盐玉石的总称，玉行内简称"阿料"，或"巴玉"，是一种比较常见的玉料。

阿富汗玉由碳酸盐岩经区域变质作用或接触变质作用形成。主要由方解石和白云石组成，此外含有硅灰石、滑石、透闪石、透辉石、斜长石、石英、方镁石等。

鉴别方法也较为简单：

① 价格：一分钱一分货，能达到阿富汗玉那样油白的和田玉，价格必定不是寻常百姓所能接受的。

② 硬度：和田玉硬度在6.2~7.2。白玉硬度较大，密度较大。阿富汗白玉的密度一般，颗粒比和田玉粗，硬度较低。

③ 透度：和田玉因为密度大、硬度大、颗粒细，所以透度较阿富汗白玉差点。

④ 粒状结构：有些优质的阿富汗玉肉眼看不见结构，但在放大镜下，尤其100倍显微镜下可见粒状结构。阿富汗玉因硬度低，做不了立棱的物件，只能做一些圆滑的器物。另外放大镜下找蹦口也是一种实用方法。阿富汗玉隐约有残余沉积作用的微波状水纹，尤其在灯下亮处较为清晰明显。

质地一般的大理岩也叫汉白玉，如天安门广场金水桥栏杆就是汉白玉质的，与阿玉比白云石含量略高。现在交通条件好了，物流便捷畅通，许多广场、公园采用高档汉白玉作为装饰材料。甘肃两当县大理岩质"金润玉"细腻油润，是高档墙砖及装饰材料。秦安也有优质白色、肉红色大理岩，除了做高档装修材料，也可做骨灰盒、工艺品。一小哥将我在河道捡拾的肉红色玉打磨加工装在底座后，有人非常喜欢，说要800元买走。玉贵玉贱不在玉，明清时人们认为珍珠玛瑙是如黄金一般珍贵的稀罕物，但现今珍珠可大量人工养殖，玛瑙可大量从国外进口。大凡玩物多是一时潮流，潮退兴衰，人世间风物事大抵皆如此。

6. 话说玉石之六：甘肃京白玉

京白玉因最早发现于北京西郊门头沟一带而得名。后在全国多地发现，分布极广，目前产地有河南、新疆、山东、陕西等十多个省区，甘肃也发现多处。

京白玉原岩为沉积的石英砂岩，经区域变质或接触变质形成石英岩，并受后期热液交代作用形成玉石。京白玉因与玉髓、有些翡翠、和田玉有相似的外观，经热处理，树脂充填，染色加工，冒充各类玉石。新疆维吾尔族人也叫卡瓦石，意即傻瓜石，也叫蒙玉，坑蒙的蒙，在南方也叫马来玉，是染色玉石的代名词。

甘肃京白玉产于震旦纪沉积地层中。石英含量高，杂质少，纯白均匀，微粒状结构，或接近隐晶质，块状构造，质地细腻，晶莹剔透，玻璃光泽。优质者抛光后洁白如羊脂玉，但不如羊脂玉滋润，性脆韧性略差。透明度高裂隙少的，可加工成仿冰种翡翠玉镯。因其质白且润，产量大，裂少成材率高，也被福建、河南玉商加工成寺庙玉佛，旅游景点历史人物雕像。石英岩工业上用途主要为硅铁原料，甘肃硅铁产业颇有规模。

今人讲玉，言必和田、翡翠，其实自古以来，泛义的玉石概念是，但凡好看的石头就是玉，中国宝玉石专业规范也持此观点。石英质玉石因其质地坚硬，方便易得，是制作石器的良好材料，在很多考古遗址中有所发现，应用历史可追溯至旧石器时代。

从普通石头被人轻贱无视，到精雕细琢成神成英雄被万众膜拜敬仰，或石或玉，物是物非，世间事莫要太较真。贵贱终是一玩物，优劣任由人评说。

7. 话说玉石之七：史前玉从东北、苏浙来

古人对玉的认识是从石器开始的，在古人的观念里，玉就是美石。新石器中晚期，古人在捡拾生产砍削器用的燧石、石英片岩的同时，选择收集一些美观的玉髓、玛瑙、绿松石、萤石，温润细密的蛇纹石、透闪石。在大约6000年大洪水期过后，人类迎来了一个气候适宜、水草丰美、食物充足的美好年代。在中国大地上，各地文明灿若群星，玉器加工走向第一个繁荣期，代表性的有东北红山文化玉猪龙，南方良渚文化的玉璧、玉钺、玉琮等，玉质为透闪石、蛇纹石，属就地所采玉石。而中原、关中等地的仰韶、半坡、马家窑等黄土地域则盛产彩陶，玉石不甚流行，在大地湾仅见绿松石、玉髓、大理石等少量小件。该时期相当于传说中的伏羲、女娲时期，有了物质基础，精神层面的追求在一些智者思想中发芽开花，人文始祖思考者伏羲仰观天象，俯推八卦，一些能工雕琢玉石，绘制彩陶。

后世的史学家谈中国史前文明，言必华夏，实际上从东北、苏杭、齐鲁、陕甘、川渝几乎遍地文明的灯火都亮着，都各自传承着不同的文化脉络。说起古玉，今人言必和田，其实和田玉到中原可能是此后两千年才有的事。史前古玉发端于东北、苏杭，彩陶则在黄河流域盛行，源头可追溯到更早的大地湾8000年前的远古。

8. 话说玉石之八：齐家文化的玉石

齐家文化活跃在陕、甘、青、宁黄河流域，距今4000年左右，相当于夏朝时期，多在洮河、渭河及其支流较宽阔的二级河床逐水而居。笔者参观过甘肃省部分市县的博物馆，也到过多数甘肃的玉石矿点。看过后有一种观感：齐家文化的玉器，器型与比其早1500年良渚文化的玉璧、玉琮、玉钺、玉牙璋类同，多属祭祀用器，但工艺远不如前者。也大量使用陶器，但也远不如马家窑精美。

齐家文化的玉采自当地，玉质主要有三类：

① 采自黄河以南马衔山的玉石，玉质多为透闪石，有黄玉、青玉，青玉中因富含锰矿物，有黑点，有人形象地称其蚂蚁脚。如静宁出土的玉琮，其他多地的玉璧为马衔山青玉。

② 蛇纹岩，武山县博物馆珍藏的玉琮，玉质属当地产鸳鸯玉，有些玉璧也是蛇纹石制作。

③ 含透闪石混合岩化大理岩。秦安、庄浪、礼县、定西市博物馆收藏的玉钺、玉牙璋，其来源可能为玉石山一带球粒状混合岩化大理岩。

在黄土高原齐家文化先人日子过得艰辛，玉器数量不会很大。有一段时间，经京城商家炒作，齐家玉如兰州牛肉面声名鹊起，造假者应运而生，价格飞涨。我参观过武山、临洮的玉器作坊，请教过艺人，作伪水平笑而不语，中央电视台二频道曾曝光过。想想大禹治水时期，暴雨连年，山崩地陷，家贫多无隔夜粮，齐家玉不会太多，现今私人藏家手中的所谓宝贝，其实多是"上辈祖传下来的"或武山人的高仿品。

9. 话说玉石之九：远古时期的玉石路

国人好玉，距今6000年左右，中国历史经历了一个玉器时代，这是中国不同于西方之处。中国历史上早于古丝绸之路，还有一条玉石之路。国人讲玉主要指的是透闪石质和田玉。当时的玉石之路由于交通条件限制，至少在齐家文化时期在甘肃境内没有经过黄河南岸。古人路线是从昆仑山和田出发，穿玉门，经河西走廊，后沿黄河北岸到陕北或宁夏、山西，再至中原。在齐家文化甘肃武威皇娘娘台遗址中有和田玉。西周早期的周穆王西巡远至中亚，经过盛产玉石的昆仑山，其行进路线自关中经陇山越黄河，高品质软玉过黄河或是商朝中晚期的事了。黄河南岸的齐家文化古玉透闪石量少质差，主要可能为甘肃本地所产。近年来在肃北蒙古族自治县、临洮县马衔山、通渭县等地发现有透闪石质玉线索，笔者采集了标本。另外有部分玉为混合岩化大理石质、蛇纹石质、绿松石、玛瑙等，时间可能早至距今5000年前。

10. 话说玉石之十：水晶王

中国地质博物馆门前陈列着一块数吨重，柱高及底宽1m的超大水晶，据说是迄今地球上发现的最大水晶，被称为水晶王。水晶晶体巨大，玉质通透，瑕少裂微，生长纹理清晰可见，属世间独一无二之至宝，产地为江苏东海。

说起此宝物，还有一段美好佳话。20世纪50年代，随着工业发展对矿产资源的迫切需求，毛泽东主席发出了"开发矿业"的号召，形成举国上下找矿的热潮。找矿捷报频传，为国献宝无上光荣。东海人将其发现的世界最大水晶献给了伟大领袖，伟人又将国宝赠送中国地质博物馆供后人观赏。世界水晶王，充其量是一件宝物，一旦结缘伟人，则有了文化历史，有了传承的灵魂动能。

图9-1 陈列于中国地质博物馆前的巨大天然水晶晶体

11. 话说玉石之十一：供奉慈禧的和田玉

中国地质博物馆门前陈列着一块巨大的和田青白玉，据说原本是地方敬献慈禧太后的礼品，搬运时从昆仑山悬崖绝壁坠落。玉工惶恐万分，摔碎太后贡品属不祥，办皇差出乱子乃是死罪。数日后，传来八国联军攻陷京城的消息，老佛爷流亡陕西西安，玉工逃过一劫。"众里寻玉千百度"，搜遍山谷，找到其中品质最好的一块，万里路遥，千般艰辛，将玉石运至北京，西太后西去，宝物存故宫后转至地质博物馆展览。

国破山河碎，宝玉悬崖坠。此玉成了后人天人感应，玉有灵性的证明。清亡之际，列强如狼环伺，内乱似火遍野，太后挪用军费办寿，各地搜刮奇珍上供，民怨四起。玉碎国乱，貌似天意，实则人祸。

图9-2　地质博物馆前陈列的和田玉

12.话说玉石之十二：陨石神话

有的人总是爱上当受骗，生活好了，手里略有余资，被人一撺掇，就不大安分了。楼下有个六十多岁的老汉，因对石头的共同爱好，有时见面会聊几句。一日他领着我去看他花上万元收藏的陨石，朋友口若悬河：从类似包浆的表皮、如火烧烤的熔壳、带磁的特性，并说是从朋友渠道得来的，这东西绝对是真品！但笔者放大镜下细观：石上若隐若现的沉积纹理构造，说明是地表沉积所形成，而非从天外飞来，我只能笑而不语！

一次在陇南出差，一哥们谈起陨石的神奇，也是让人长了见识。请听：陨石放客厅可驱邪，放床头可安神，泡水喝可防三高，更有神奇功效——放汽车上还能省油。看这哥们一脸的真诚，如早年间乡下老人信世间有鬼神一般。他们头脑中已没有了自我，唯有大哥谆谆教诲。

在这里科普以下陨石，它首先是石，而非神物。

（1）陨石的定义

陨石指坠落于地面的陨星残体，由铁、镍、硅酸盐等矿物质组成，亦称陨星石。是地球以外脱离原有运行轨道的宇宙流星或尘碎块飞快散落到地球或其他行星表面的未燃尽的石质、铁质或是石铁混合的物质。大多数陨石来自火星和木星间的小行星带，小部分来自月球和火星。陨石的平均密度在

3~3.5 g/cm³ 之间，主要成分是硅酸盐。陨铁密度为 7.5~8.0 g/cm³，主要由铁、镍组成。陨铁石成分介于两者之间，密度在 5.5~6.0 g/cm³。陨石的形状各异，中国最大的陨石是吉林1号重1770kg，陨铁石之冠是新疆青河发现的"银骆驼"，约重28t。

（2）陨石种类

全世界已搜集到4万多块陨石样品，有各种样式的。它们大致可分为三大类：

① 石陨石：石陨石上硅酸盐矿物由橄榄石、辉石和少量斜长石组成，也含少量金属铁微粒，有时可达20%。密度为3~3.5g/cm³。石陨石占陨石总量的95%。

图9-3 吉林一号陨石标本

1976年3月8日15时，吉林地区东西12km，南北8km，总面积500km² 的范围内，降了一场世界罕见的陨石雨。所收集到的陨石有200多块，最大的1号陨石重1770kg，名列世界单块陨石重量之最。吉林陨石表面，有黑色、黑棕色熔壳和大小不等气印。化学成分 SiO₂ 占37.2%，MgO₂ 占3.19%，含 Fe28.43%。主要矿物有贵橄榄石、古铜辉石、铁纹石和陨硫铁，次要矿物有单斜辉石、斜长石等。

② 铁陨石：铁陨石中含 Fe90%，含 Ni8%。它的外表裹着一层黑色或褐色的1mm厚的氧化层，叫熔壳。外表上还有许多大大小小的圆坑，叫气印。此外还有形状各异的沟槽，叫熔沟，这些都是由于它们在陨落过程中与大气剧烈摩擦燃烧而形成的。铁陨石的切面与纯铁一样，很亮。

铁陨石约占陨石总量的3%。世界3号铁陨石于19世纪末发现于我国新疆青河，大小为2.42m×1.85m×1.37m，重约30t。该陨铁含 Fe88.67%，含 Ni9.27%。其中含有多种地球上没有的矿物，如锥纹石、镍纹石等宇宙矿物。其中含镍较高的铁陨石通体黑绿，并泛黄，民间俗称黑宝绿陨石，该陨石属于陨石中的上品。

③ 石铁陨石：由铁、镍和硅酸盐矿物组成，铁镍金属含量为30%~65%，这类陨石约占陨石总量的1%~2%，故商业价值最高。该类陨石含Fe70%以上，其次为Si、Al、Ni，主要矿物有锥纹石、镍纹石、合纹石等，次要矿物为陨硫铁、铬铁矿、石墨等。石铁陨石根据其内部的主要成分和构造特点分为橄榄石石铁陨石、中铁陨石、古铜辉石—鳞石英石铁陨石。

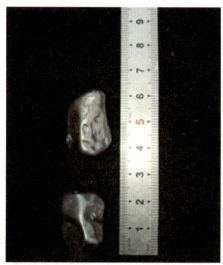

图9-4　陨石标本

（3）陨石特征

陨石在大气层中燃烧磨蚀，形态多浑圆而无棱无角。

① 熔坑：陨石表面都分布有大小不一、深浅不等的凹坑，即熔蚀坑。不少陨石还具有浅而长条形气印，可能是低熔点矿物脱落留下的。

② 熔壳：陨石在经过大气层时，极高的温度导致陨石表面熔融，产生了一层微米至毫米级别玻璃质层，这就是熔壳。当陨石在地表存在较长时间后，其熔壳易被风化而消失掉。

③ 密度：陨石因为含铁镍密度较大，铁陨石密度可达8g/cm³，石陨石也因常含20%铁镍，比一般岩石密度也大些。但是，存在极少量的石质陨石（如碳质球粒陨石等）因不含或金属含量极低，其密度与一般地球岩石相似。

④ 磁性：各种陨石因含铁而具强度不等的磁性。经风化的陨石没有磁性，因而也就不算陨石了。

⑤ 条痕：陨石在无釉瓷板上摩擦一般没有条痕或仅有浅灰色条痕，而铁矿石的条痕则是黑色或棕红色，以此加以区别。

（4）鉴别特征

鉴定样品是否为陨石，可以从以下几方面考虑：

① 外表熔壳：陨石在陨落地面以前要穿越稠密的大气层，陨石在降落过程中与大气发生摩擦产生高温，使其表面发生熔融而形成一层薄薄的熔壳。因此，新降落的陨石表面都有一层黑色的熔壳，厚度约为1mm。

② 表面气印：由于陨石与大气流之间的相互作用，陨石表面还会留下许多气印，就像手指按下的手印。

③ 内部金属：铁陨石和石铁陨石内部是由金属铁组成，这些铁的镍含量很高 (5%~10%)。球粒陨石内部也有金属颗粒，在新鲜断裂面上能看到细小的金属颗粒。

④ 磁性：正因为大多数陨石含有铁，所以95%的陨石都能被磁铁吸住。

⑤ 球粒：大部分陨石是球粒陨石（占总数的90%），这些陨石中有大量毫米大小的硅酸盐球体，称作球粒。在球粒陨石的新鲜断裂面上能看到圆形的球粒。

⑥ 密度：铁陨石的密度为8g/cm^3，远远大于地球上一般岩石的密度。球粒陨石由于含有少量金属，其密度也较重。

图9-5　景泰县黄河石林一带陨石

前不久网上有一则视频，一达人在石林古渡口，对着滚滚黄河，滔滔不绝地卖弄他幸运地拣了一块20kg的陨石。这哥们也不说到底是不是陨石，但却像搞传销似的，说陨石是从天而降的稀罕物，能让人"石来运转"，给拥有者带来无尽的福报。笔者出于好奇心，托朋友弄了几块小样品，石质可分两类，所谓黑又亮陨石，实为镜铁矿，另一类为磁铁石英岩。在河西走廊广袤的大地上，分布着丰富的磁铁石英岩，经亿万年的日晒风蚀，表皮形成的沙漠漆类似陨石的印模及刻痕，是地上古而有之的戈壁石，而非天上飞来的陨石。骗子们为了坑那些钱多虚荣的阔佬，凭着将稻草说成金条的忽悠劲，硬是将黑色风凌石吹捧成陨石。真是，江湖水太深，不懂莫去蹚！

13. 话说玉石之：莫将玻璃当水晶

在西北的陕西、甘肃等地，一些上了年纪的乡下老人喜欢戴石头镜，也就是水晶眼镜。戴品质上好的石头镜是光景好的象征，在高原区戴石头镜有防风沙、防紫外线的作用，因水晶的导热性差，据说对治疗红眼病流泪也有效果。

目前市场上的石头眼镜鱼龙混杂、优劣不一，有天然水晶、人造水晶、玻璃。笔者曾留心水晶眼镜，现聊聊水晶眼镜的鉴赏知识。

（1）玻璃眼镜与水晶眼镜的鉴定

肉眼看，水晶真品多有瑕裂，外表不及玻璃美观。玻璃质地均匀完好，用放大镜观察，玻璃中有近似椭圆形的气泡，而水晶包裹体多为固液气三相，且不规则，沿裂纹线状分布。鉴定水晶与玻璃的简便仪器为偏光镜，水晶为一轴晶在偏光镜下转动具四明四暗特性，而玻璃为均质体在正交镜下始终为黑色。

（2）天然水晶与人造水晶的鉴定

天然水晶与人造水晶最有效的鉴别方法是在100倍便携式显微镜下看包裹体，天然水晶包裹体因形成的地质环境不稳定，多沿裂线状分布，而人造水晶的生长环境稳定，分布均匀。红外光谱测试也是有效手段。另外，在日光下看光线色彩变化，贴在脸上感知温度冷暖等。实话实说，其实多不管用。

14. 话说玉石之：玛瑙、玉髓、碧玉、脉石英、石英质玉的成因及鉴定

鉴定应重点从结晶粒度和结构构造入手。

（1）隐晶质玛瑙、玉髓、碧玉相同处

① 成因同，三者均属岩浆期后二氧化硅热液充填所形成。

② 成分同，均为二氧化硅。

③ 结构同，均属隐晶质结构。

（2）不同处

① 玛瑙见一定透明度，并有同心环或其他条带构造，以及明显可见内含物。

② 玉髓是隐晶质二氧化硅集合体，并可含少量赤铁矿、针铁矿、铝土矿、绿泥石、硅孔雀石等。优质玉髓主要矿物多呈纤维状，并含铁、钛、镍、铬、钒等致色元素，并常含较多的水，密度为$2.45g/cm^3$。

③ 碧玉含较多杂质矿物（通常可达15%以上，含铁高，多在3%~8%，而玛瑙玉髓多不足0.5%），不透明。

（3）显晶质粒状结构脉石英、石英质玉

脉石英由地下岩浆分泌出来的SiO_2的热水溶液填充沉积岩石在裂缝中形成，呈乳白色、白色，致密坚硬，晶质，结晶颗粒粗大。显晶质粒状结构的石英质玉京白玉、东陵玉、密玉、贵翠、佘太翠、敦煌玉相区别。

黄龙玉为隐晶质，黄蜡石为显晶质。新疆的金丝玉有玉髓，也有石英质玉。

后 记

本书短短不足10万字，在文稿即将付梓之时，总觉心神不安，却也是感慨万千，不知从何说起。如今这本《甘肃省玉石观赏石》算是了却了自己的一个念头，这种题材可谓缘分和命运使然。

早在大学选学地质专业时，就立志终身与岩石、矿物打交道，其中难免要置身野外，风餐露宿，跋山涉水。三十年时光转瞬即逝，到了常常怀旧的年龄，眼前那些光怪陆离、气象万千的玉石、观赏石以及背后的历史、文化、地质意义，总是挥之不去。漫步于各大奇石店、博物馆，总在思考藏品的前世与今生，总在感叹大自然的鬼斧神工，赞叹能工巧匠的精湛技艺。

自己曾参观过地质博物馆中宝玉石的珍品，浏览过历史博物馆中出土的玉石挂件，欣赏过满汉全席——奇石宴，领略了有吉尼斯世界纪录之称的奇石一条街，不得不说：大千世界、无奇不有！我国于2005年成立"中国观赏石协会"，属全国性、非营利性社会组织，接受自然资源部、民政部的业务指导和监督管理。该协会创会会长原国土资源部副部长寿嘉华主编，由中华书局出版《中国石谱》，堪称奇珍异宝、精品荟萃；该协会还编辑出版《宝藏》月刊。"甘肃省观赏石协会"于2010年成立，编辑出版《石友》月刊，以石会友，以石交流。这些都为广大玉石、观赏石爱好者提供了学习交流的平台和欣赏品鉴的参考。

这里要说：本书资料来源于甘肃省自然资源厅设立的《甘肃省玉石观赏石科普图书研编》科技创新项目，得到了甘肃省矿产资源储量评审中心同人的大力支持，甘肃省地质学会宝玉石协会同行的帮助，文稿形成后曾3次组织专家召开研讨会，充分吸收专家意见，并邀请省地矿局刘建宏教授级高级工程师对文稿进行校勘。笔者在此对所有在本书出版过程中提供帮助支持的好友同人表示衷心感谢！还有诸多朋友和家人的帮助支持不再赘述。

甘肃省矿产资源储量评审中心：梁自兴

2023年11月于兰州